U0366057

飞行技术专业新工科系列教材

模拟飞行教程

李秀易　赵巍巍　编著

清华大学出版社
北京

内 容 简 介

本书是飞行技术专业新工科系列教材。

本书共包括 6 章,介绍了飞行模拟设备的用途和等级分类、常用模拟飞行教学软件的使用方法、初教机仪表面板、常见的飞行程序、基本飞行操纵和注意力分配、正常操作程序等。

本书主要供飞行技术专业学生使用,也可作为模拟飞行爱好者的参考用书。

版权所有,侵权必究。举报:010-62782989,beiqinquan@tup.tsinghua.edu.cn。

图书在版编目(CIP)数据

模拟飞行教程/李秀易,赵巍巍编著.—北京:清华大学出版社,2022.8
飞行技术专业新工科系列教材
ISBN 978-7-302-61198-1

Ⅰ. ①模… Ⅱ. ①李… ②赵… Ⅲ. ①模拟飞行-高等学校-教材 Ⅳ. ①V323

中国版本图书馆 CIP 数据核字(2022)第 113866 号

责任编辑:王 欣
封面设计:常雪影
责任校对:王淑云
责任印制:宋 林

出版发行:清华大学出版社
　　　　　网　　　址:http://www.tup.com.cn,http://www.wqbook.com
　　　　　地　　　址:北京清华大学学研大厦 A 座　　　邮　　编:100084
　　　　　社 总 机:010-83470000　　　　　　　　　邮　　购:010-62786544
　　　　　投稿与读者服务:010-62776969,c-service@tup.tsinghua.edu.cn
　　　　　质量反馈:010-62772015,zhiliang@tup.tsinghua.edu.cn
印 装 者:三河市龙大印装有限公司
经　　销:全国新华书店
开　　本:185mm×260mm　　印　张:12　　　　　　字　　数:292 千字
版　　次:2022 年 8 月第 1 版　　　　　　　　　　印　　次:2022 年 8 月第 1 次印刷
定　　价:68.00 元

产品编号:097180-01

本书作者名单

主要编著者：李秀易　赵巍巍

参与编著者：袁家俊　周文刚　姜　祺　董　锐

总序

习近平总书记多次强调"民航业是重要的战略产业,新机场是国家发展一个新的动力源",这意味着国家对民航业增强动力功能、更好地服务国家战略的要求进一步提高,新时代的民航发展必须不断丰富内涵和外延,承担起国家赋予的新的历史使命。

《新时代民航强国建设行动纲要》中指出,民航作为国家战略性产业,在开启全面建设社会主义现代化强国的新征程中发挥着基础性、先导性作用。建设民航强国,既是更好地服务国家发展战略,满足人民美好生活需求的客观需要,也是深化民航供给侧结构性改革,提升运行效率和服务品质,支撑交通强国建设的内在要求。如今,我国民航对世界民航增长贡献率超过20%,位居全球第一。我国民航在安全水平、行业规模、服务能力、地位作用等方面取得了巨大发展成就,基本实现从民航大国向单一航空运输强国的跨越,但距离多领域民航强国乃至全方位民航强国还具有很大差距,在民航创新、人才培养等方面仍然任重而道远。

《"十四五"民用航空发展规划》将"人才强业工程"设置为六个重大工程专栏之一,更是提出了民航人才队伍建设具体任务举措。按照民航强国建设新目标要求,飞行技术专业需培养高层次、复合型、应用型的专业人才,以有效应对运行环境的深刻变化对飞行员能力要求带来的长期挑战。

2017年以来,教育部积极推进新工科建设,提倡以立德树人为引领,以应对变化、塑造未来为建设理念,以继承与创新、交叉与融合、协调与共享为主要途径,以一流人才培养、一流本科教育、一流专业建设为目标,培养未来多元化、创新型卓越工程人才。基于新工科的飞行技术专业人才培养模式为新时期飞行人才培育提供了良好的教育实践。

作为全球民航职业飞行员培养规模最大、能力最强、质量过硬,享誉国内、在世界民航有着较高影响力的高等学府,中国民用航空飞行学院以民航可持续发展为己任,结合自身的办学特色,整合飞行技术专业人才培养资源优势,在多年教学实践、探索与总结的基础上,组织编写了"飞行技术专业新工科系列教材"。

该系列教材既满足新工科建设的教学目标和要求,体现了"面向工业界、面向世界、面向未来"的工程教育理念,凸显了新工科的人才培养特色,又紧扣飞行技术专业特色,高度契合飞行技术专业"理论+实训"的培养模式,适应现代民航运输航空飞行员核心胜任能力教学体系,兼具实践性与专业性。

期冀本系列教材为我国民航飞行人才培养做出贡献,探索形成领跑全球的基于新工科的飞行技术专业人才培养的中国模式和中国经验,推动多领域民航强国建设,助力高等教育强国建设!

是为序!

编委会

2022年6月

前言

模拟飞行是通过计算机软件对真实世界飞行中所遇到的各种元素,例如空气动力、气象、地理环境、飞行操控系统等,综合地在计算机中进行仿真模拟,并通过外部硬件设备进行飞行仿真操控和飞行感官回馈的一项运动。模拟飞行技术是航空航天技术中的重要应用方法和组成部分,对于提升我国航空航天技术以及应用具有重要的推进作用。

本书是根据中国民用航空局关于对飞行技术专业的指导性文件的要求,紧密结合飞行技术专业建设标准及专业培养目标,符合民航局提出的飞行员技能全生命周期管理体系的培养思路,与当前飞行训练改革中关键的核心胜任力相一致,为全面培养高素质民航飞行人才而编写的专业教材。

本书在飞行教学中将起到从理论到实践的衔接和过渡作用。本书的编写源于编者对飞行技术专业多年的教学经验和成果,融合了多年来学生对该课程内容的反馈,广泛征集了大量资深飞行教员的宝贵建议,参考了诸多国内外标准的规章、手册和资料,可作为"模拟飞行训练"课程的配套教材。本书还可为开设相关课程的高校和飞行爱好者所用,也可为中小学生航空科普及模拟飞行提供参考。除此之外,本书第 6 章的内容基于飞行员实际训练使用的标准操作手册,对于实际飞行具有一定参考价值,但不建议作为实际飞行训练的配套教材。

本书包括 6 章内容。第 1 章介绍模拟飞行的背景和飞行模拟训练设备的作用,使学生对使用的模拟飞行设备建立一个全局的理解和认知;第 2 章对目前模拟飞行教学中常用的三种模拟软件功能、界面、快捷键等进行详细的介绍,力求学生通过对照内容也能自学模拟飞行的基本操作,以达到熟悉软件和巩固操作的效果;第 3 章对目前飞行训练中使用最多的初教机 Cessna 172R 的座舱仪表和按钮开关进行了详细介绍;第 4 章是对飞行程序的介绍,阐述了飞行程序的实施要求和规则、航图的内容,侧重点是目视飞行;第 5 章介绍实际飞行的基本操纵和注意力分配,学生可在模拟飞行课程学习过程中养成注意力分配的习惯和掌握基本的操纵方法,为以后的真机飞行打下良好的基础;第 6 章介绍标准操作程序,学生可对照步骤在设备上提前熟悉程序,同时也能对所学的基础理论课程如发动机、电子仪表、飞机系统等起到整合知识、加深理解的作用。

本书在编写过程中得到了中国民用航空飞行学院教务处、飞行技术学院、广汉分院、新津分院、绵阳分院的大力支持,他们为提高教材质量提出了中肯的建议,参与了多次讨论。同时,飞行技术基础教研室的老师们和中飞院模拟飞行俱乐部的同学们也对本书付出了大量心血,在此一并感谢!

由于作者水平所限及时间紧迫,书中不妥之处在所难免,恳请广大读者批评指正。

作　者

2021 年 12 月

目录

第❶章

概　述

1.1　模拟飞行概述

模拟飞行的历史可以追溯到 20 世纪初。1929 年,美国人艾德温·林克发明了林克飞行模拟训练器,这部机器具备一个气动平台,可以完成俯仰、滚转与偏航等飞行动作,上面设有一座模拟驾驶舱。该设备问世以来,一直没有受到专业飞行界的关注,但在发生一系列仪表飞行事故后,美国陆军航空队于 1934 年购买了四套林克训练器进行训练,飞行模拟产业从此诞生。如今,在民航飞行训练中,飞行训练器(flight training device,FTD)和全动飞行模拟机(full flight simulator,FFS)等都是被局方认可的设备,可以计入飞行员的飞行经历。此外,安装在计算机上的模拟飞行软件也得到了长足的发展:它通过计算机软件及外部硬件设备将真实世界飞行中遇到的各种元素综合在计算机中进行仿真模拟,并通过外部硬件设备进行飞行仿真操控以及飞行感官回馈。2005 年,我国模拟飞行项目正式在国家体育总局立项。模拟飞行对于初始训练阶段基本驾驶术的养成以及后期进阶、高阶等级基本驾驶术的提升训练有很大帮助。在初始训练阶段,由于训练时间紧迫,加上对驾驶舱环境不熟悉,学员在真机或 FTD 上通常不能得到有效训练。作为飞行员操作技能生命周期的起点,飞行学员在航校进行飞行训练时打好牢固基础并掌握基本驾驶术至关重要。但是,由于资源有限,学员人数众多,训练大纲中设定的模拟机训练时间往往不足。以全球办学规模最大的飞行类院校中国民用航空飞行学院为例,在学员进行 13 小时飞行筛选前,大纲规定的FTD 课程只有 2 小时,课程内容为座舱实习和程序练习,而筛选的检查项目中却包含了正常程序、空域进离港、空域科目、起落程序、五边修正、落地方法、应急情况处置等。如果学员想在真机训练前预习课程并在飞行后及时纠正飞行中存在的问题,仅仅依靠大纲中安排的FTD 课程训练是远远不够的。如果想要轻松通过筛选,就需要学员在进行地面准备时花费更多的时间熟悉程序,并在飞行结束后对当天的训练内容加以巩固。这时,如果可以合理利用一些模拟飞行设备,那么学员在地面上的学习将会事半功倍,而且模拟飞行对场地和设备的要求较低且不计入训练总时间,学员在心态较为放松的情况下可以更好地熟悉设备和训练注意力分配,积极主动地感受飞行,这对飞行学员养成飞行思路和逻辑、构建良好的情景意识可以起到积极的作用。模拟飞行对初始训练阶段和后期训练阶段的飞行学员都有很大帮助。当飞行训练进入后期阶段,尤其是在单发商照学员以累积机长时间为目的进行训练时,对于基本驾驶术的要求就不能只停留在基础和进阶等级了。学员需要在任何情况下都能够正确判断飞机状态,并且采用正确的方式控制飞机,这就需要基本驾驶术达到高阶等级。高阶等级的基本驾驶术要考虑飞行性能和飞行包线,遭遇特殊情况才会展现,此时飞行员不再靠本能去操纵飞机。例如,螺旋、低空风切变、复杂状态、飞机结构受损、操作系统受损等非正常情况均需用到高阶等级的基本驾驶术。在高阶等级的基本驾驶术养成中,气动模型优良的模拟飞行软件就能够提供很大的帮助,这类软件可以选择各种机型、天气和故障类型,灵活性更强。

随着中国航空运输业的稳步发展,同时伴随国产飞机的下线,将需要大量的飞行员来保障国产飞机的安全运营。2015 年 11 月 29 日,中国首次按照国际民航要求自行研制、具有完全自主产权的新一代喷气式支线客机 ARJ21-700 正式交付,这标志着我国拥有了第一款可以进入航线运营的喷气式客机,也是中国第一架同时追求技术与商业成功的先进喷气式支线客机。从 2003 年 9 月 25 日 ARJ21-700 飞机型号合格审定开始,到 2015 年 11 月 29 日正式交付给航空公司,12 年零 2 个月的时间,经历了 52 项极端气象条件试验试飞、54 项美国联邦航空局 MOA 项目审查(MOA,即 Memorandum of Agreement,是根据美国的法律法规,在与中国签署中美双方民用航空双边合作协议之前,对中国民用航空局(CAAC)的机构、体系、法律、规章、适航审定能力进行全面深入的评估)、398 条适航审定适用条款、3 418 份符合性验证报告、8 220 次失速试飞、30 748 km 环球试飞等,从立项、设计,到试制、试飞,再到生产、交付,几乎每一步都是中国民用航空工业的第一次。失速试飞一直是商用飞机风险最高的试飞科目。适航规章要求商用飞机有满意的失速特性来保障飞行安全,有尽量小的失速速度来提高飞机的经济性能。ARJ21-700 飞机用了 8 220 次失速来寻找"安全性"和"经济性"的最佳平衡点,成功地解决了飞机在失速气动设计以及失速适航验证等诸多方面的难题,是中国首次按照商用飞机适航标准完成的失速试飞。试飞团队用自己的敬业精神与使命感挑战云端,诠释了什么才是驾驶舱里的最高职责。在全机静力试验中,全机用于采集数据的应变片数量达到上万片。实时监控应变数据能够反映结构受力大小、传力特点和完整性,降低试验风险。在全机稳定俯仰 2.5 g 静力试验中,机翼承受最大载荷时翼尖位移达到 1.8 m。测试中,全机工况 5 项中的 4 项全部做到了极限载荷。全世界没有任何一架飞机在全机静力试验中,所有的工况做到了极限载荷,也没有哪一架飞机像 ARJ21-700 静力试验机这样,承担了如此繁重而严酷的试验任务。对于 ARJ21-700 飞机型号合格审定审查组的成员来说,ARJ21-700 飞机 398 条适航审定适用条款的背后,体现的是中美两国在商用航空领域近百年的差距,这既体现在适航审定技术上,也体现在体系上,更表现在观念上。而对于 ARJ21 项目的申请人来说,300 项验证试验、285 个表明符合性试飞科目、33 本试飞大纲以及厚度高达 30 m 的 3 418 份符合性验证报告,这些数字的背后意味着要填补国家在商用飞机研制领域的技术空白,经受意想不到的挫折与挑战。几乎每一分钟,被誉为锻造中国之翼的"刀尖舞者"的试飞团队都在用生命创造着零的突破;在 2 942 个试飞驾次中,每一次起飞都是逼近危险边缘的探索,既要保证飞机与自身的安全,又要获得设计人员满意的试验数据,而每一次着陆都填补着中国商用飞机适航审定试飞技术的空白,也为中国商用飞机适航审定体系的完善与发展留下新的坐标!AR21-700 飞机的研制,不仅攻克了鸟撞试验、全机高能电磁场试验、闪电间接效应防护试验等一大批重大试验课题,掌握了失速、最小离地速度、自然结冰等一大批关键试飞技术,掌握了一大批新技术、新材料、新工艺,而且积累了重大创新工程项目的管理经验,探索出了一条"自主研制、国际合作、国际标准"的民机技术路线。

　　ARJ21、C919 以及 CR929 是全新的机型,未来这些新机型将加速进入市场,这对于我国的飞行员培养来说是一个不小的挑战。而飞行模拟设备又是民航飞行人员训练的关键要素之一,目前,我国民航飞行员的模拟机训练标准高于国际民航组织规定的相关标准,每人每半年需要在模拟机上完成一次复训,需要完成训练大纲规定的模拟机训练科目;而初始改装飞行员更是需要在飞行模拟机上完成数十小时的训练,从而掌握相应型别飞机的驾驶技能。对于刚进入大学的飞行学生而言,除了必要的理论知识,模拟飞行训练也是学习的重要部分。模拟飞行的学习可以使学生掌握基本的飞行技能,起到与真飞机训练之间的衔接作用。毫无疑问,飞行模拟设备的使用,在很大程度上可帮助飞行人员提高训练水平。

　　作为全球民航职业飞行员培养规模最大、在世界民航领域有着较高影响力的高等学府,为了更好地服务于民航飞行员的培训工作,中国民用航空飞行学院于 2002 年开设"模拟飞行训练"课程,该课程共培养了约 2 万名飞行技术专业、航空心理专业本科生和交通运输专业研究生。此外,基于该课程开展了空地一体化模拟飞行环境建设、相关课程体系建设、模拟飞行仿真系统研究、飞行训练教学模式提升等。通过该课程的学习,学员们的安全意识和程序意识都有了明显提高,在真机上重复发生的问题越来越少,基本能做到把每次飞行暴露出来的问题都在地面上解决,真正做到了"地面苦练,空中精飞"。通过模拟飞行,训练器和真机资源不足的问题得到了有效缓解,教学方式得到了革命性的创新和拓展。

　　模拟飞行以培养和考查飞行综合能力、提升和检验正确飞行理念为目标,与当前飞行训练改革中关键的核心——胜任力相一致。对于飞行员来说,胜任力可被理解为履行职责、保障安全所需的最低可接受的能力标准,涉及理论知识、飞行技术、程序掌握、身体素质、驾驶舱资源管理等多个方面,而模拟飞行可以让飞行学员更加灵活地学习、掌握、运用复杂的专业技能,从而夯实基础,为中国培养出更多优秀的航空后备人才。

1.2　飞行模拟训练设备介绍

　　飞行模拟训练设备指飞行模拟机或飞行训练器。飞行模拟机是包括运动系统的,飞行训练器是可以没有运动系统的。如果在实际训练中使用的飞行模拟机和训练大纲均符合相应要求,则可以用飞行模拟机全部或者部分代替真机,来完成相应的动作与程序。如在初始训练中,发动机开车前检查、起飞前检查以及飞行中常见的动作与程序等可在训练器上进行;某些情况下的发动机失效、复杂状态改出等可在模拟机上进行。

1.2.1　飞行模拟机

　　飞行模拟机是指用于驾驶员飞行训练的航空器飞行模拟机。它是按特定机型、型号以及系列的航空器座舱一比一对应复制的,它包括表现航空器在地面和空中运行所必需的设备和支持这些设备运行的计算机程序、提供座舱外景的视景系统以及能够提供动感的运动系统(提示效果至少等价于三自由度运动系统产生的动感效果),并且最低满足 A 级模拟机的鉴定性能标准。飞行模拟机通过电子计算机的建模运算,在地面上最大限度地逼近飞机真实的飞行状态,从而给飞行员营造一种全方位、多知觉、多飞行状况的真实操纵感。飞行模拟机划分为 A、B、C、D 四个等级,模拟机等级要求的性能排序为 D＞C＞B＞A。其中,D 级模拟机性能最高,可覆盖 90％以上的飞行训练科目,是目前最先进、最完整的飞行员训练设备,可替代真实飞机开展飞行训练。

飞行模拟机一般是由仿真控制台(飞行员驾驶舱)、仿真计算机、仿真环境、飞行员共四部分组成的一个封闭反馈系统,如图 1-1 所示,其核心和难点在于仿真计算机,该部分的飞行动力学数学模型、系统模型、仿真环境模型、外干扰模型在经计算机求解后,通过运动系统、视景系统、音响系统给飞行员营造一种多维感知信息的仿真环境,从而让飞行员感觉到自己犹如在空中真实操纵"飞机"一样。各主要系统简述如下:

(1)模拟座舱:应根据需求选择与特定型号飞机一样的布局。模拟座舱内的仪表系统实时指示或显示各种飞行参数和系统参数。

(2)音响系统:给飞行员提供各种音响效果,如发动机噪声、气流噪声等。

(3)视景系统:产生座舱外的景象,包括机场、跑道、灯光、建筑物、田野、河流、道路、地形地貌、活动目标等,同时能模拟能见度、雾、雨、雪、闪电等气象条件,以及白天、黄昏、夜间的不同时刻景象。

(4)操纵负荷系统:给飞行员提供操纵载荷力的感觉。运动系统给飞行员提供运动的感觉,目前常采用的六自由度运动系统能提供瞬时过载,但不能提供持续过载,持续过载的模拟可采用离心机、抗荷服、过载座椅等。

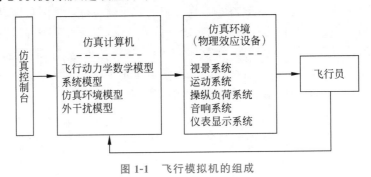

图 1-1　飞行模拟机的组成

1.2.2　飞行训练器

飞行训练器是指用于驾驶员飞行训练的航空器飞行训练器。它是在有机壳的封闭式座舱内或无机壳的开放式座舱内对飞行仪表、设备、系统控制板、开关和控制器一比一对应复制的,包括用于表现航空器在地面和空中运行所必需的设备和支持这些设备运行的计算机编程,但不要求提供产生动感的运动系统和座舱外景象的视景系统,如图 1-2 所示为常见的飞行训练器。飞行训练器等级划分为 1、2、3、4、5 和 6 级。其中,1 级作为保留级别,6 级为最高级训练器。一般来说,飞行训练器的级别越高,结构越复杂。与飞行模拟机相比,训练器是结构较简单、功能较少的小型飞行模拟装置,可用来进行某些系统的专门训练和一般的飞行训练。

图 1-2 飞行训练器

1.2.3 飞行模拟训练设备的相关背景

中国的模拟机事业伴随国内航空工业发展逐渐蓬勃兴起。模拟芯片制造业、无人机飞行模拟器产业、虚拟现实技术等高精尖产业带动复杂庞大的模拟机产品,凸显工业基础积累和计算机行业快速发展。1993 年,由北京蓝天航空科技有限责任公司自主研制的中国第一台 Y7-100 飞行模拟机投入使用,它采用配置了 5 块 CPU 板的摩托罗拉 Delta DP-3600 小型机、美国 IVEX 公司的视景系统,视景与主机直接采用 BIT3 内存映射卡通信、1∶1 仿真驾驶舱、自主研发的液压操纵系统、六自由度运动系统,是采用 Fortran 语言自主研发的飞行仿真软件。中国民用航空飞行学院是它的第一个用户。中国民航第一部模拟机法规 CCAR-60 部《飞行模拟设备的鉴定和使用规则》于 2005 年才颁布,而 Y7-100 飞行模拟机 2003 年就已退出训练,直到其报废从未取证。作为第一台自主研发的飞行模拟机,其稳定性相对较差,但它培养了一批批 Y7-100 飞行学员,并为研制中国第一台获得中国民航 CCAR-60 部的 C 级认证的 MA60 飞行模拟机打下了坚实的基础。

飞机飞行模拟设备相关的规则可追溯到 1954 年,1992 年英国皇家航空学会出版的《飞机飞行模拟器鉴定的国际标准》后来成为国际民航组织于 1995 年(第一版)、2003 年(第二版)、2009 年(第三版)、2015 年(第四版)制定的《飞行模拟机鉴定标准手册》的基础。现在,希望获得模拟机评估、验证和批准的申请人应该考虑参考国际民航组织、国际航空运输协会和本国民航组织制定的规则,这些规则包含了模拟机使用、模拟机数据、设计技术和操作需求等内容(也可采用其他国家的鉴定规章,需具体参考相关法规手册)。目前国际上和我国都有飞机飞行模拟设备适用的有效规章。我国的相关法规如下:

(1)《飞机飞行模拟机鉴定程序》规定了飞机飞行模拟机鉴定涉及的基本术语、鉴定等级划分、鉴定类型、鉴定政策、鉴定程序、不同鉴定类型(初始鉴定、升级鉴定、定期鉴定、特殊鉴定)的具体鉴定内容。

(2)《飞机飞行模拟机等级要求》则是根据《飞机飞行模拟机鉴定程序》的规定,具体罗列了模拟机等级资格认证需要满足的各项最低要求,验证测试的项目、条件、内容及容差,模拟机鉴定机构需逐项检查的全部功能列表。

(3)《飞行模拟设备的鉴定和使用规则》(CCAR-60)是民航总局按照国际民航组织的标准和行政许可法的规定,参考美国和欧洲的相应标准于 2005 年制定颁布的,该规则包括政策、飞机飞行模拟机、飞机飞行训练器、直升机飞行模拟机、直升机飞行训练器鉴定性能标准、定义和术语六个部分。其中,飞机飞行模拟机部分很大程度上是 1994 年制定的两部法规的进一步完善和规范。2019 年,该规则被正式修订为《飞行模拟训练设备管理和运行规则》并颁布生效。这一名称的改变是将 CCAR-60 部规章的内涵由设备的鉴定和使用转变为设备的管理和运行。因为飞行模拟训练设备的行政管理包括设备许可证申请、受理、颁发等过程,而鉴定只是审批环节的技术部分,名称变更更好地反映了规章修订后的整体内容和管理思路。

相关法规从无到有,从简单到复杂,逐渐成熟和专业化,特别是空域逐渐开放、通航产业迅猛发展等,将给飞行模拟训练带来更多的机遇和挑战。

1999 年以前,中国民航还没有自己的飞行模拟设备鉴定队伍。境内各飞行训练中心都是请美国联邦航空局模拟机鉴定办公室的专家前来鉴定。1999 年 7 月,中国民航飞行模拟机鉴定组成立,9 月正式开展境内飞行模拟设备的鉴定工作,并且于 2002 年 11 月正式开展对境外训练中国民航飞行员的飞行模拟设备的鉴定工作。2003 年 6 月,"中国民用航空总局航空安全技术中心飞行模拟机鉴定办公室"正式成立,负责飞行模拟设备鉴定方面的工作。

1.3 飞行模拟训练设备等级分类

1.3.1 飞行模拟机的等级分类

1. 飞行模拟机的等级和最低要求

各级模拟机的最低要求和主要内容如下:

1)驾驶舱一般构型

模拟机应具有一个所模拟飞机驾驶舱的全尺寸复制品,其操纵装置、设备,能够看到的驾驶舱指示器、跳开关,隔板的位置要合适,功能要准确,并可对飞机进行复现;操纵装置和开关的移动方向应与所模拟的飞机一致;影响操作程序或导致可视的驾驶舱指示的跳开关位置应当与实际的完全一致、功能应当准确。对 C、D 级模拟机,三维仪表的电子显示图像(例如一个机电仪表)应具备与飞机仪表相同的三维景象;从主要操作人员的位置观察模拟机仪表时,应复现与观察飞机仪表时相同的外观;模拟机仪表显示的图像应复现因观察角度和视差所导致的仪表读数不准确度;共用仪表上的观察角度误差和视差应最小化,例如发动机显示和备用指示器等。

2)模拟机编程

飞行中通常遇到的阻力和推力的各种组合对空气动力变化的影响应符合实际飞行条件,包括飞机姿态、阻力、推力、高度、温度、全重、重心位置和构型变化的影响;模拟机的计算能力、精度、分辨率和动态响应应当满足所对应模拟机等级的要求;运动系统、视景系统和驾驶舱仪表的相对响应应密切耦合,以提供综合的感觉提示。对 B、C、D 级模拟机,还应包括地面操纵和空气动力的编程。对 C、D 级模拟机,还要求有风切变模型,用于进行风切变现象识别和改出程序的飞行训练;具备快速而有效地测试模拟机程序和硬件的手段;可以在湿跑道或结冰跑道上准确地再现停止时间和距离;准确地模拟刹车和轮胎故障的动态特性(包括防滞失效)和因刹车温度高而导致的刹车效应减弱的现象;能够模拟飞机的结冰效应。对 D 级模拟机,还应对低高度平飞地面效应、高高度马赫数效应、机身结冰效应、正常推力和反推力的动态变化对操纵面的影响等进行空气动力建模,还应有故障诊断分析程序和测试结果打印功能支持的软件和硬件控制方法。

3）设备操作

飞机模拟过程中所涉及的全部相关仪表指示应自动地对操纵装置的移动或所模拟飞机受到的外部干扰（例如紊流、风切变）作出响应；通信和导航设备应与所模拟飞机上的一致，并在机载设备规定的误差范围内工作；教员应能够控制机内和外部的助航设施；在适用的地理区域之内，助航设施应在视线范围内可用并且无限制；模拟的飞机各个系统的工作应当与飞机各系统在地面和飞行中正常、非正常和紧急条件下的工作相同；模拟机为驾驶员提供的操纵装置的操纵力和行程应当与所模拟的飞机一致；在相同的飞行条件下，模拟机对操纵的反应应与真飞机相同。对 C、D 级模拟机，操纵感觉的动态特性应与所模拟飞机一致。对于具有推杆系统的飞机，模拟机的操纵力、位移和操纵面位置均应与所模拟的飞机相同。

4）教员或检查人员使用的设备

除了飞行机组成员的位置，还应当为教员或检查员和监察员留有两个合适的座位。在这些座位上，应有足够的视野观察驾驶员面板和前窗。模拟机应当安装控制机构，使教员或检查人员可以控制所需的全部系统变量，将运营人的机组使用手册中描述的全部非正常、紧急条件输入到模拟机；模拟机应当有教员或检查人员能够设定环境效果的功能，例如云、能见度、结冰、降水、温度、风暴和微暴流、紊流以及中、高空风速和方向。对 C、D 级模拟机，还应当有教员或检查人员能够设定地面和空中危险情况的功能。

5）运动系统

运动系统应当有驾驶员可以感知的运动提示，该提示代表了飞机的运动。对 B、C、D 级模拟机，还应提供特殊效果的编程，如使用刹车时的阻力效果、扰流板（或减速板）放出和反推引起的地面抖振、前起落架和主起落架离地后的抖动、襟翼和扰流板（或减速板）放出引起的空中抖振等。对 C、D 级模拟机，还应当具有至少能产生相当于六自由度具有协调性的运动平台系统。对 D 级模拟机，还应当提供在驾驶舱内感觉到的由于操纵飞机或大气干扰引起的特征抖振运动（例如高速抖振、起落架和襟翼放出、拖胎、失速抖振、大气紊流等）。

6）视景系统

模拟机应装有提供驾驶舱外景象的视景系统；对于夜间图像，模拟机应具有可操纵的着陆灯光；模拟机教员台应当可以对云底高、能见度、跑道视程等进行控制；每个机场图像显示应当包括机场跑道和滑行道以及跑道轮廓的信息；模拟机提供的视景系统应当与空气动力的程序设计匹配；模拟机应提供与模拟机姿态有关的准确环境图像。对 A、B 级模拟机，应在每个驾驶员座位上提供连续最小水平 45°、垂直 30°的准直视场。两个驾驶员座位上的视景系统应当同时工作；对 C、D 级模拟机，应当在每个驾驶员座位上提供连续最小水平 90°、垂直 40°的准直视场。两个驾驶员座位上的视景系统应当同时工作，对图像的内容和分辨率等都应有更高的要求。

7）声音系统

驾驶员的操纵动作导致的驾驶舱声响应与真实飞机在相同情况下发出的声响一致；声音系统的音量应可调节，并具有音量水平设置的显示。对 C、D 级模拟机，应当准确地模拟降水、风挡雨刷声响和正常操作期间驾驶员能感觉到的其他重要的飞机噪声，包括飞机坠毁的声响（当模拟机以非正常姿态着陆或超过起落架结构极限时）、正常发动机和反推声响、收放襟翼、起落架和扰流板的声响。对 D 级模拟机，还应当提供振幅和频率都比较逼真的驾驶舱噪声和声响。

2．典型的飞行模拟机

1）新舟 60 飞行模拟机

新舟 60 飞行模拟机（如图 1-3 所示）是一台满足《飞机飞行模拟机鉴定程序》和《飞机飞行模拟机等级要求》C 级标准要求的全动飞行模拟机，也是国内首台满足中国民航 C 级标准要求的模拟机，由中航工业蓝天公司和美国罗克韦尔柯林斯公司合作研发。蓝天公司是目前国内著名的模拟机产品取得民航高等级鉴定的企业，目前已研制完成的新舟 60 飞机全动模拟机、新舟 600 飞机全动模拟机等取得了民航局方的高等级适航证，同时为新一代国产大型客机 C919 研发了高等级的工程模拟器，并已投入使用。

图 1-3　新舟 60 飞行模拟机

该模拟机包含 20 个相对独立的分系统：平台座舱结构、通信系统、导航系统、座舱仪表系统、自动飞行控制系统、座舱电气和照明系统、主计算机和实时管理系统、接口系统、总线路系统、音响系统、教员台系统、六自由度运动系统、视景系统、操纵负荷系统、飞行仿真系统、动力仿真系统、飞机仿真系统、电源管理系统、防火与安全保障系统和测试软件系统。

该模拟机在以下诸多方面取得关键技术突破：

（1）计算机系统的集成和嵌入式实时式软件设计。该模拟机从使用性、可靠性、维护性等角度考虑，在国内首次采用了基于 Tornado-Vxworks 的嵌入式实时操作系统作为计算机系统的基本运行平台，实现了实时性、操作性等都非常理性的系统整合。这套系统还突破了以往模拟机研制中存在的开发、运行环境不可分割的限制，使模拟机产业化所必需的批量生产成本降低更为显著。更为重要的是，这套系统的部分技术指标（例如整机传输延迟）超出国外同类产品的水平。

（2）航电设备的仿真和特殊总线接口驱动。航电设备仿真的顺利完成使我国掌握了对目前民用飞机所用的大多数航电设备进行仿真的方法、算法。而特殊总线接口方面的突破又很好地控制了设备采购成本。

（3）数据的工程仿真和拟合。通过采用工程仿真计算的方式对飞机的各种试验数据（风洞数据、台架试验数据等）和试飞数据进行工程仿真和拟合，使得该模拟机具有高逼真度的飞行性能和操稳性能，同时还建立了一套完整的工程仿真数据包。

（4）鉴定测试指南（QTG）测试软件。C 级标准要求模拟机必须提供方便、快速的自动测试软件，而且要求每个飞行测试科目必须由计算机自动驱动完成，不应由飞行员操作完成。该模拟机完全独立开发的基于窗口操作模式的软件系统，实现了对模拟机的自动测试驱动和检测，在技术水平上大大超过了国外产品，而且这套软件不依赖于硬件环境，具有很好的可移植性。

2）A320 全动飞行模拟机

图 1-4 和图 1-5 为国内首台拥有完整自主知识产权的 A320 NEO/CEO D 级全动飞行模拟机。D 级全动飞行模拟机是民航飞行员训练的必备装备，座舱根据真实航空器驾驶舱

1∶1复制,飞行员操作感受与真航空器完全一致,叠加情景模拟后完全仿真飞行过程中的各种复杂、极端场景。

图 1-4 A320 全动飞行模拟机

图 1-5 A320 飞行模拟机内部

驾驶舱内部安装有先进的全景模拟系统以及三维显示教员操纵台,可以为飞行员提供初始训练、转机型训练、升级训练、定期复训等科目的全面训练。模拟机可以模拟平时飞行中难以遇到的各种紧急情况,提升飞行员处理紧急情况的能力,也可以有针对性地对在飞行过程中发现的有一定普遍性的问题进行重点训练,以消除不安全因素,全面提高飞行员的飞行技术。

3) ARJ21-700 全动飞行模拟机

图 1-6 和图 1-7 为 ARJ21-700 D 级全动飞行模拟机。它的工程及试飞数据包由中国商飞客服中心自主开发,硬件和软件仿真平台由加拿大 CAE 公司提供。ARJ21 飞行模拟机的电子飞行仪表系统仿真可提供电子飞行仪表符号发生器的功能及主飞行显示和多功能飞行显示。该模拟机有与真飞机一样的飞行控制面板和操纵杆,同时可提供真实、精确、完整的飞行参数、飞行计划设定与显示功能。

图 1-6 ARJ21-700 全动飞行模拟机

图 1-7 ARJ21-700 飞行模拟机内部

ARJ21 飞行模拟机采用超真实的仿真飞行模拟机视景系统,并搭配六自由度运动平台系统;它的驾驶舱布局、仪表、开关操纵和 ARJ 支线客机一样,学员可在飞行体验中了解飞行阶段的操纵流程;教员台系统可提供飞机参数、机场选择、科目设置等快速设置按钮,能高效率地进行飞机状态参数改变、场景切换、科目选择,提高飞行体验的训练效率。

1.3.2 飞行训练器的等级分类

1. 飞行训练器的等级和最低要求

2 级至 6 级飞行训练器的最低要求和具体内容如下:

1）驾驶舱一般构型

对 3、6 级训练器，应具有一个所模拟飞机驾驶舱的全尺寸复制品，其操纵装置、设备、能够看到的驾驶舱指示器、跳开关、隔板等部件的位置要合适，功能要准确，可对飞机进行复现；操纵装置和开关的移动方向应与所模拟的飞机一致。对大部分训练器，应当充分地模拟设备（例如仪表、面板、系统和操纵装置）以能够保证完成批准的训练、检查。训练器上安装的设备应当具有正确的空间布局，它们可以在驾驶舱内或在开放式的驾驶舱区域内，并且这些设备的工作应当同真实飞机上的相应设备一致。

2）训练器编程

训练器具有满足鉴定等级要求的计算机（模拟或数字）能力，例如计算能力、精度、分辨率和动态响应。除 4 级之外，训练器应当能够表现飞行中通常遇到的阻力和推力的各种组合对空气动力变化的正确影响，其中应当包括飞机姿态、推力、阻力、高度、温度及构型变化的影响。驾驶舱仪表的相对响应应当密切耦合以提供综合的感觉提示。这些仪表应当在规定时间内对驾驶员位置上的输入作出快速有力的响应，但不能短于相应飞机在同样条件下作出响应的时间。

3）设备操作

训练器上安装的系统应当能够模拟飞机上相应系统的运行，包括在地面和飞行中两种情况；应模拟至少一个飞机系统；系统的运行应当满足能够完成训练大纲所包含的正常、非正常和应急操作程序的要求；应当具有足够的环境灯光用于仪表和面板照明，以便于实施操作。除 4 级之外，训练器的全部相关仪表指示应自动地对操纵装置的移动或所模拟飞机受到的外部干扰（例如紊流、风）作出响应，且导航设备应与所模拟飞机上的一致，并在机载设备规定的误差范围内工作。

4）教员或检查人员使用的设备

除了飞行机组成员的位置外，还应当为教员或检查员和监察员安排合适的座位。在这些座位上，应当有足够的视野观察飞行机组成员的面板。训练器应当具有教员控制机构，可以通过该机构根据需要设置正常、非正常和紧急情况。一旦设置的情况启动，机组实施的系统管理应能触发正确的系统工作，而不需要来自教员控制机构的输入。

5）视景系统（如适用）

训练器可以安装视景系统，但不作要求。如果安装了视景系统，则需满足视场角、分辨率和距离等要求。

6）声音系统

对 3、6 级训练器，模拟的由驾驶员操纵动作所导致的重要驾驶舱声响应与相同情况下在飞机上听到的一致。

2．典型的飞行训练器

1）桌面式飞行训练器

桌面式飞行训练器属于 2 级飞行训练器，如图 1-8 所示。它采用专业的飞行仿真软硬件技术，可用于飞行教学、仪表识别、飞行科普等。仿真件营造出与飞机真实驾驶舱一致的训练环境，可复现各种飞行环境，完成航线中飞行前准备、标准离场、爬升、巡航、下降、进近、标准进场、复飞等阶段的飞行程序和机组配合、电子飞行仪表系统等操作程序的训练。操纵机构齐全，摇杆、脚舵、油门拉杆、混合比杆等飞行操纵部件完整，仿真度高，足以胜任相应的飞行任务。外部接口简单,便于安装和部署。

图 1-8 桌面式飞行训练器

桌面式飞行训练器依托计算机硬件和软件技术,应用互联网、局域网环境,进行近似于真实的模拟飞行。高度仿真和互动性强是模拟飞行最显著的特点。它把深奥的航空理论知识和日常生活中人们难以接触到的飞行技术介绍给学员,还能令学员尝试到现实生活中无法再现的特技飞行,激发学员的飞行兴趣。该训练器十分经济,所使用的器材仅仅是普通的家用计算机,辅以价格较低的摇杆和耳麦装置,使经费大大低于实际航空运动的所需,而模拟飞行和真实飞行的基础训练具有融通性,目前广泛用于教学领域。

2) ARJ21-700 综合程序训练器

综合程序训练器(integrated procedure trainer, IPT)为 4 级飞行训练器。大量的重复性仪表操作训练可在 IPT 上进行,不受时间、天气等客观因素影响。它利用先进的计算机图形图像技术,降低成本的同时后期维护较容易。在执行全动飞行模拟机以及真机训练前,开展 IPT 训练可以提高熟练度,确保后续飞行训练安全。

在飞行训练中,ARJ21-700 综合程序训练器主要用于飞行员进行驾驶舱布局的熟悉、正常程序与非正常程序的训练,以及对自动飞行系统、飞行管理系统和指示记录系统等飞机系统的操作和显示的训练。同时它还具有维护功能,机务人员可以使用 IPT 进行飞机各系统的排故训练,节约了机务训练的时间和成本,提高了训练效率。IPT 通过模拟 ARJ21 飞机驾驶舱及各种逻辑功能,可用于飞行员、机务、签派学员的驾驶舱熟悉和操作程序培训。

图 1-9 ARJ21-700 综合程序训练器

IPT 配置了 9 块触摸屏(如图 1-9 所示),真实地模拟了 ARJ21-700 飞机驾驶舱的布局。飞行过程中机组操作比较多的遮光罩、油门杆和控制显示组件(control display unit, CDU)

三个部件采用功能仿真件,有利于加强学员对真实飞机的感觉。其他部分都以触摸屏仿真,大大降低了成本。为满足不同教学内容,它配置了两块多功能显示屏,可以选择显示机外视景、系统原理图、手册等。教员可通过教员台进行训练科目的设置,包括故障设置、气象设置、飞机位置、飞行冻结等,不仅节约了教学时间,也方便教员对课堂的掌控。

3) C172 飞行训练器

如图 1-10 所示,C172 飞行训练器是中仿智能科技(上海)股份有限公司自主研发的,也是国内首台完全自主研发、自主可控、拥有完整知识产权的 C172 五级飞行训练器,标志着我国在自主研发国产高等级飞行训练器上取得重要突破。

图 1-10　C172 飞行训练器

C172 飞行训练器拥有目前精度极高的 Garmin G1000 仿真组件,功能完善,操作手感精确。该训练器 1∶1 模拟座舱,内部布局、样式和尺寸完全仿真或采用实装件,构建真实的驾驶训练环境;基于试飞测试数据建立的高精度飞行动力学模型,能够准确还原飞机的操纵性能和仪表显示;经过精细调节的操纵力反馈计算模型,采用新的电动伺服控制技术,能提供真实的操纵力感;飞行场景逼真、流畅,包含丰富的天气、机场模型,具有良好的夜视飞行效果。

第 ❷ 章

模拟飞行软件简介

2.1 微软模拟飞行

2.1.1 软件简介

微软模拟飞行(Microsoft Flight Simulator)是微软公司发布的一款模拟飞行软件,从1982年第一代(微软模拟飞行 1.0)开始已发布多个版本,如表 2-1 所示,目前最新版本是2020年8月发布的微软模拟飞行 2020(简称 MFS2020,如图 2-1 所示)。

表 2-1　历代微软模拟飞行软件简介

版　　本	特　　点
1.0	微软模拟飞行的第一代,内设一架简单的飞机和一个机场
2.0	增加李尔 25 型飞机,以供玩家选择,且改善了飞行环境
3.0	飞机增至四款,图像改善
4.0	增加了建筑物和道路,同时玩家可自行制作飞机
5.0	3D 世界,增加了建筑物
5.1	增加了天气特效
95	增加了建筑物和飞机,改良飞行图像
98	改良飞行图像,增设大量飞机场
2000	增加了 GPS 功能
2002	将最新的 Autogen 功能加设在飞行中,增加飞机、机场等,还首度增加塔台功能及人工智慧飞机
2004	为纪念莱特兄弟发明飞机 100 年而衍生的版本,增加了天气变化功能及真实世界天气模式,内建 100 个历史飞行记录,并增加了历史飞机
2010	改善了飞行图像像素,首度增加了 CRJ 和 A321 民航机,在豪华版中加设大量小型飞机,内设超过 24 个任务和超过 30 个高精细度机场和城市,对计算机性能要求极高,能支持Windows XP、Windows Vista 和 Windows 7/8/10
2020	次时代飞行模拟器,豪华版拥有 40 个手工建模的机场和 30 架官方授权的飞机,结合了卫星数据和必应搜索引擎的地图数据库,构建出真实的地表环境和天气变化。利用 AI 机器学习技术随机生成环境元素来填补空缺,最终构成了一个既虚拟又真实的世界

图 2-1　微软模拟飞行 2020

微软模拟飞行 2020 是由 Asobo Studio 开发、由 Xbox Game Studios 发布的飞行模拟软件,于 2020 年 8 月 18 日发布,适用于 Windows、XBOX 平台,虚拟现实(virtual reality,VR)版本于同年 12 月发布。

MFS 2020 使用来自必应地图的数据模拟整个地球的地形,同时使用 Microsoft Azure 按需提供从云端获取的超过 2 PB(PB(petabyte)为流量单位,1 PB=1 024 TB)的世界地图数据。微软与 Blackshark.ai 合作,开发了一种使用 Microsoft Azure 和人工智能(artificial intelligence,AI)来分析地图数据和摄影测量,以生成建筑物、树木、地形等的逼真 3D 模型的解决方案。它允许模拟器以 3D 建模描绘世界的一部分,而其他部分则以高清晰度图像描绘。微软模拟飞行最初从卫星图像或飞越图像扫描生成其地形和风景对象,而"离线程序生成 AI"这项技术使用来自必应地图的数据为虚拟世界生成风景和对象,还可以通过人工干预来增强逼真的物体和风景,以获得更高的真实感,如图 2-2 所示。

图 2-2　微软模拟飞行 2020 视觉

值得一提的是,采用必应地图引擎的实时数据不仅意味着所有地方看起来与现实无二,同时也将软件中的天气完全动态化与实时化。与现实世界实时挂钩的天气数据意味着能在任何时候遭遇任何天气情况,如果某地正在刮台风,也能马上尝试在暴风天气中驾驶飞机。为了让用户得到更真实的飞行体验,整个天气的物理系统都重新制作。软件中的云层也与现实中的相差无几,如果飞机左翼在云中、右翼在云外,则能感受到云层所带来的不同阻力。

2.1.2　界面介绍

MFS 2020 的主界面（如图 2-3 所示）包括发现之旅（DISCOVERY FLIGHTS，娱乐模式，观赏风景为主）、世界地图（WORLD MAP）、飞行训练（FLIGHT TRAINING）、飞行活动（ACTIVITIES）等。

图 2-3　MFS 2020 主界面

1. 世界地图界面

通过点击主界面中的【WORLD MAP】按键，可对位置选择、机型选择以及时间和天气的调整等进行设置，预设好飞行前的各种条件，如图 2-4 所示。

图 2-4　世界地图（WORLD MAP）界面

2．机型选择

点击世界地图界面左上角的机型选择框进行机型选择，同时可在涂装（LIVERES）、载重平衡（WEIGHT AND BALANCE）、故障（FAILURES）、个性化设置（CUSTOMIZATION）等分选项卡进行详细调整，如图 2-5 所示。

图 2-5　机型选择及设置界面

3．位置选择

以广汉机场（ICAO 机场四字代码为 ZUGH）为例，在左上角的位置搜索框输入"ZUGH"可以定位到广汉机场，如图 2-6 所示，也可直接点击地图，选择世界上任一位置。

图 2-6　位置选择界面

选择好机场后,选择初始位置为机坪或停机位(冷舱)或直接选择跑道(预设起飞前状态)。

4. 天气选择

MFS 2020 默认使用实时天气,通过点击右上角的【FLIGHT CONDITIONS】(飞行条件)按键(如图 2-7 所示),可自定义天气、云况、风与气压、UTC 等。

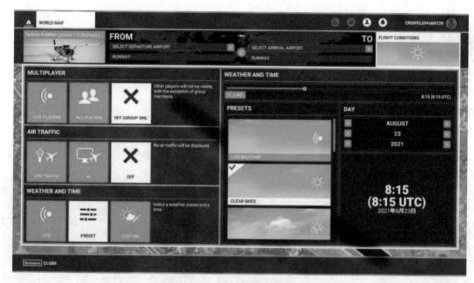

图 2-7 飞行条件选择界面

2.1.3 飞行界面

完成机型选择、位置选择、天气选择和时间选择后,点击右下角的黄框【FLY】即可开始飞行,进入飞行界面,如图 2-8 所示。飞行界面上方有工具栏(TOOLBAR)可以进行相关设置。

图 2-8 MFS 2020 飞行界面

1. 飞行协助

飞行协助(FLIGHT ASSISTS)选项卡可以操控 AI 介入飞行的各个方面,如自动飞行(AI PILOTING)、失速保护(AI ANTI-STALL PROTECTION)、AI 自动配平(AI AUTO-TRIM)等,如图 2-9 所示。

图 2-9　飞行协助选项

2. 空中交通管制

空中交通管制(ATC)选项卡负责与 ATC 的交互,包括调谐频率、陆空通话、接收通波、机场服务等,如图 2-10 所示。

图 2-10　ATC 选项

3. 视角

视角(CAMERA)选项卡可以调整机内视角、机外视角等,如图 2-11 所示。

图 2-11 视角选项

4. 检查单

检查单(CHECKLIST)选项卡提供了部分机型的部分检查单以供规范操作参考,如图 2-12 所示。

图 2-12 检查单选项

5. 基础控制

在基础控制(BASIC CONTROL)选项卡中可以调整硬件设备,如图 2-13 所示。

图 2-13　基础控制选项

6．燃油

在燃油（FUEL）选项卡中可调整飞机各油箱燃油量（单位可选 LB 或 GAL），如图 2-14 所示。

图 2-14　燃油选项

7．导航记录

在导航记录（NAVLOG）选项卡中可记录航线导航点、名称、航线、距离、预计到达时间等信息，以供飞行员进行导航记录和检查，如图 2-15 所示。

图 2-15 导航记录选项

8. 目标

在目标（OBJECTIVES）选项卡中可通过预设的飞行计划，选择飞行目标（爬升、巡航、进近、降落等），如图 2-16 所示。

图 2-16 目标选项

9. 飞行阶段选择

在飞行阶段选择（TRAVEL TO）选项卡中可通过预设的飞行计划，选择飞行阶段（爬升、巡航、进近、降落等）进行快进（比如在爬升阶段可以直接跳到巡航阶段），如图 2-17 所示。

图 2-17   飞行阶段选择选项

10. VFR 地图

在 VFR 地图（VFR MAP）选项卡中可调出地图以供参考，如图 2-18 所示。

图 2-18   VFR 地图选项

11. 天气

在天气（WEATHER）选项卡中可对天气、降水、云层、风层等进行详细调整，如图 2-19 所示。

图 2-19 天气选项

12. 自定义选项

在自定义选项(CUSTOM TOOLBAR)中可对整个设置栏进行设置(关闭或开启),如图 2-20 所示。

图 2-20 自定义选项

2.1.4 快捷操作

利用键盘上的按键可代替鼠标快速地对软件相关功能进行开或关,MFS 2020 的默认快捷键及其功能见表 2-2～表 2-12。此外,使用者还可自行进行更改或重设。

表 2-2　模拟飞行指令

按　键	功　能	按　键	功　能
P 或 Break	暂停	3	选择第三个
ALT+Enter	全屏模式	4	选择第四个
ALT	菜单显示/隐藏	R	选择时间压缩
`或 Scroll Lock	ATC 菜单显示/隐藏	Shift+D	空投物资
Shift+F10	膝板显示/隐藏	Shift+F	请求加油车
Q	声音开/关	Ctrl+Shift+L	航空器标签显示/隐藏
Ctrl+;（分号）	重置当前飞行	Ctrl+Shift+X	飞行技巧显示/隐藏
;（分号）	保存飞行	=（等号）	增大选择
Ctrl+C	退出飞行模拟	Shift+=（等号）	缓慢增大选择
Ctrl+Break	立即退出飞行模拟	Shift+−（减号）	缓慢减小选择
Ctrl+K	摇杆(禁用/使用)	−（减号）	减小选择
Shift+Z	全球坐标/帧频	V	捕获截图
1	选择第一个	Ctrl+J	登机桥廊对接/分离
2	选择第二个	ESC	结束飞行

表 2-3　飞机控制指令

按　键	功　能	按　键	功　能
数字键盘 4	副翼左倾斜	数字键盘 2	升降舵向上
数字键盘 6	副翼右倾斜	数字键盘 7	升降舵向下配平
Ctrl+数字键盘 4	副翼左配平	数字键盘 1	升降舵向上配平
Ctrl+数字键盘 6	副翼右配平	F5	襟翼完全收起
数字键盘 0	垂直尾翼左偏航	F6	襟翼缓慢收起
数字键盘 Enter	垂直尾翼右偏航	F7	襟翼缓慢伸出
Ctrl+数字键盘 0	垂直尾翼左配平	F8	襟翼完全伸出
Ctrl+数字键盘 Enter	垂直尾翼右配平	/（正斜线）	扰流板/减速板开/关
数字键盘 5	副翼或垂直尾翼居中	Shift+/（正斜线）	扰流板预位
数字键盘 8	升降舵向下	Ctrl+W	水舵收/放

发动机控制指令(对于多发飞机,需先按下 E+引擎号(1～4)选择单个引擎,否则会使所有引擎生效。要恢复控制,先按住 E,再快速连续地按下所有引擎号)

按键	功能	按键	功能
E+引擎编号(1～4)	选择引擎	Ctrl+Shift+F3	增大混合比
E+1+2+3+4	选择所有引擎	Ctrl+Shift+F4	混合比富油
Ctrl+E	自动启动引擎	H	发动机除冰开/关
F1	切断油门	M	磁电机选择
F2(按住且保持)	反推(涡扇发动机/喷气发动机)	Shift+M	选择主电瓶或者交流发电机
F2 或数字键盘 3	降低油门	J	选择喷气发动机启动器
F3 或数字键盘 9	增加油门	Shift+.（句点）	直升机旋翼离合器开/关
F4	油门最大	Shift+,（逗点）	直升机旋翼调节器开/关
Ctrl+F1	螺旋桨低转速	Shift+B	直升机旋翼制动器开/关
Ctrl+F2	降低螺旋桨转速	=（等号）	增加选择项目

续表

按　键	功　能	按　键	功　能
Ctrl+F3	增大螺旋桨转速	Shift+=(等号)	逐渐增加选择项目
Ctrl+F4	螺旋桨高转速	Shift+-(减号)	逐渐减小选择项目
Ctrl+Shift+F1	混合比慢车	-(减号)	减小选择项目
Ctrl+Shift+F2	减小混合比		

表 2-4　通用飞机控制指令

按　键	功　能	按　键	功　能
Ctrl+.(句点)	锁定/释放停留刹车	Shift+1 到 9	子面板显示或隐藏
Shift+P(再按 1 或 2 使尾部向右或者向左)	后推开始/停止	I	烟雾系统开/关
.(句点)	使用/释放刹车	Ctrl+Shift+V	整流罩逐渐开启
数字键盘+(加号)	使用左刹车	Ctrl+Shift+C	整流罩逐渐关闭
数字键盘-(减号)	使用右刹车	Shift+P	地面请求拖车/释放
G	收/放起落架	Ctrl+Shift+Y	请求牵引飞机
Shift+G	尾轮锁定开/关	Shift+Y	释放牵引绳索
Ctrl+G	手动放下起落架(若系统失效)	Shift+E(再按 1～4 以开启/关闭)	舱门选择
Ctrl+Shift+D	燃料供应开/关		

表 2-5　灯光指令

按　键	功　能	按　键	功　能
L	全部灯开/关	Ctrl+Shift+数字键盘 4	降落灯(左斜)
O	频闪灯开/关	Ctrl+Shift+数字键盘 6	降落灯(右斜)
Shift+L	面板灯开/关	Ctrl+Shift+数字键盘 8	降落灯(上斜)
Ctrl+L	降落灯开/关	Ctrl+Shift+数字键盘 5	降落灯(归正)
Ctrl+Shift+数字键盘 2	降落灯(下斜)		

表 2-6　视角指令

按　键	功　能	按　键	功　能
W	二维驾驶舱(面板、着陆面板、仪表、窗外)循环转换	F11	切换到追踪视角
Shift+数字键盘 0	切换至面板视野	F12	切换到卫星视角
S	转换视角(面板、虚拟驾驶舱、塔台、现场)	Ctrl + Shift + T (+或-)	二维面板透明度(加或减)
Shift+S	反向转换视角	'(撇号)	将选择的窗口放在最上层
A	转换座舱视角	=(等号)	放大
Shift+A	反向转换座舱视角	-(减号)	缩小
Ctrl+S	查看前一视角	Ctrl+Tab	切换到下个视野
Backspace	恢复至默认缩放比例 1 倍	Ctrl+Shift+Tab	切换到上个视野
Shift+数字键盘 DEL	恢复至向前看	Ctrl+Enter	视点后移

续表

按　键	功　能	按　键	功　能
Hold Space(按住空格键)	鼠标指示开	Shift＋Backspace	视点下移(座椅降低)
Shift＋O	鼠标指示开/关	Ctrl＋Backspace	视点前移
[(左括弧)	打开新视角窗口	Ctrl＋Shift＋Backspace	视点左移
](右括弧)	关闭视野窗口	Ctrl＋Shift＋Enter	视点右移
Shift＋](右括弧)	打开新的俯视视野窗口	Shift＋Enter	视点上移(座椅升高)
F9	切换到虚拟驾驶舱	Ctrl＋Space	恢复视野
F10	切换到2D驾驶舱		

表 2-7　移位指令

按　键	功　能	按　键	功　能
Y	移位模式开/关	F2	冻结垂直移动
Ctrl＋Space	设定为朝北航向/平直飞行姿态	数字键盘1	左旋转
数字键盘5	冻结所有移动	数字键盘3	右旋转
数字键盘8	前移	9	机鼻上移
数字键盘2	后移	F5	机鼻快速上移
数字键盘4	左移	F7 或 0	机鼻下移
数字键盘6	右移	F8	机鼻快速下移
Q 或 F3	慢速增加高度	F6	冻结仰俯角度
F4	快速增加高度	数字键盘7	左倾斜
A	慢速降低高度	数字键盘9	右倾斜
F1	快速降低高度		

表 2-8　任务指令

按　键	功　能	按　键	功　能
U	罗盘指示器开/关	Shift＋K	罗盘指示上一个目标
K	罗盘指示下一个目标		

表 2-9　无线电指令

按　键	功　能	按　键	功　能
'或 Scroll Lock	ATC 窗口(显示/隐藏)	Shift＋V	OBS 指示器选择
Ctrl＋1	VOR 1 识别开/关	Ctrl＋Shift＋A	ADF 选择
Ctrl＋2	VOR 2 识别开/关	F	DME 选择
Ctrl＋3	MKR 识别开/关	T	雷达收发器选择
Ctrl＋4	DME 识别开/关	＝(等号)	增加选择项目
Ctrl＋5	ADF 识别开/关	Shift＋＝(等号)	逐渐增加选择项目
X	备用频率切换	Shift＋－(减号)	逐渐减少选择项目
C	COM 无线电选择	－(减号)	减少选择项目
N	NAV 无线电选择		

表 2-10   自动驾驶指令

按　键	功　能	按　键	功　能
Z	自动驾驶主开/关	Ctrl+Shift+Z	自动驾驶高度选择
Ctrl+F	自动驾驶飞行导向仪开/关	Ctrl+H	自动驾驶航向保持开/关
Ctrl+V	自动驾驶机翼水平调整器开/关	Ctrl+Shift+H	自动驾驶航向选择
Ctrl+D	自动驾驶偏航阻尼器开/关	Ctrl+R	自动驾驶空速保持开/关
Ctrl+Z	自动驾驶高度保持开/关	Ctrl+M	自动驾驶马赫数保持开/关
Ctrl+Shift+Z	自动驾驶高度选择	Shift+R	自动驾驶空速保持开/关
Ctrl+H	自动驾驶航向保持开/关	Ctrl+Shift+G	自动驾驶自动油门起飞/重飞(TOGA)模式
Ctrl+Shift+H	自动驾驶航向选择	Ctrl+N	自动驾驶 NAV1 保持开/关
Ctrl+R	自动驾驶空速保持开关	Ctrl+A	自动驾驶近进模式开/关
Ctrl+M	自动驾驶马赫数保持开/关	Ctrl+B	自动驾驶回航模式开/关
Shift+R	自动驾驶空速保持开/关	Ctrl+O	自动驾驶左右定位维持开/关
Z	自动驾驶主开/关	Ctrl+T	自动驾驶姿态保持开/关
Ctrl+F	自动驾驶飞行导向仪开/关	=(等号)	增加选择项目
Ctrl+V	自动驾驶机翼水平调整器开/关	Shift+=(等号)	逐渐增加选择项目
Ctrl+D	自动驾驶偏航阻尼器开/关	Shift+-(减号)	逐渐减少选择项目
Ctrl+Z	自动驾驶高度保持开/关	-(减号)	减少选择项目

表 2-11   仪器仪表指令

按　键	功　能	按　键	功　能
D	航向指示仪复位	=(等号)	增加选择项目
B	高度计复位	Shift+=(等号)	逐渐增加选择项目
Shift+H	皮托管加热开/关	Shift+-(减号)	逐渐减少选择项目
		-(减号)	减少选择项目

表 2-12   多人飞行指令

按　键	功　能	按　键	功　能
Ctrl+Shift+](右方括弧)	聊天窗口显示/隐藏	Shift+Caps Lock	启动语音传输到所有玩家
ENTER	聊天窗口(激活)	^Shift+Caps Lock	停止语音传输到所有玩家
Caps Lock	启动语音传输	Shift+T	转交/接受控制
^Caps Lock	停止语音传输	Ctrl+Shift+F	跟随其他玩家

2.2　Prepar 3D

2.2.1　软件简介

Prepar 3D(简称 P3D)是美国洛克希德·马丁公司推出的一个可视化模拟平台,允许用户创建跨航空、海事和地面领域的训练场景,通过真实环境让用户参与到沉浸式训练,可在虚拟世界中进行身临其境的体验式学习。P3D 已发布多个版本,相关介绍如表 2-13 所示。

表 2-13 历代 P3D 简介

版 本	特 点
1.0	P3D 第一代,基于 Microsoft® ESP™ 技术
1.1	增加了 FAA 资格的功能、新平台以及几项现代化升级和性能改进。增强对最终用户体验,以及为开发人员添加和增强 SimConnect 功能
1.2	为用户提供了全面的 Windows 7 支持,重新设计和改进了多人体验,扩展了多通道能力,并提高了渲染性能。开发人员可以访问新资源,使培训场景更容易从头定制或创建
1.3	P3D 学术版,专注于增强用户界面、多人飞行功能和性能
1.4	提供了性能更新和软件修复,获得 AMD Eyefinity Gold 认证,支持单张显卡最多六次同时显示,以获得全景训练体验
v2	改变了渲染引擎、任务创建过程以及软件开发工具包,利用现代图形卡来提高模拟性能以及视觉保真度和沉浸式学习和训练
v3	简化了培训场景的创建,对行业领先的模拟课件创建工具 SimDirector 进行了重大更新。通过集成 Autodesk® Scaleform® 支持来丰富培训功能,改善了用户界面,扩展了仪表和面板培训能力。用户可以离开车辆,以第一人称或第三人称体验模拟环境,以提高现实感和情景意识
v4	改变了模拟景观,更新了 64 位架构的基线。该版本还包括一个新的动态照明系统、雨/雪颗粒、全球 3D 树木和植被、完全重新设计的软件开发工具包(SDK)、新的默认车辆和无数的核心改进
v5	引入 DirectX 12 渲染引擎,在 Simul trueSKY 和 NVIDIA WaveWorks 2.0 上进行集成,提供了增强的天气和水视觉效果。此外,整个地球都进行了更新,以改善地形、陆地等级、网状海拔和海岸线。对超过 24 000 个机场进行了审查和更新,以确保准确性,同时将倾斜机场的能力添加到 SDK 中

2.2.2 界面介绍

1. 开始界面

P3D 的开始界面如图 2-21 所示,该界面信息包括机型选择(Change Vehicle)、机场选择(Change Airport)、位置选择(Change Location)、天气选择(Change Weather)、时间和季节(Time and Season)选择等。

P3D 有存档功能,并点击开始界面左下角【Load】按键,导入已保存的存档,如图 2-22 所示。

点击开始界面左下角【Save】按键,可以保存飞行设置。点击【Flight Planner】按键,进入飞行计划设置界面,如图 2-23 所示,左侧从上到下信息依次为起飞机场(DEPARTURE LOCATION)、着陆机场(DESTINATION)、飞行规则(FLIGHT PLAN TYPE)、飞行方式(ROUTING)、巡航高度(CRUSING ALTITUDE)。

2. 机型选择

通过点击开始界面中的【Change Vehicle】按键选择机型,选择完毕后,点击右下角【OK】完成机型选择,如图 2-24 所示。

图 2-21 P3D 开始界面

图 2-22 P3D 存档功能界面

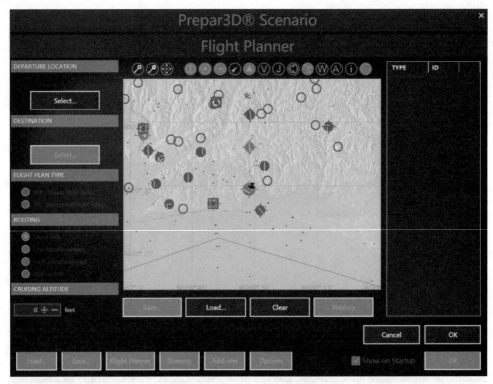

图 2-23　P3D 飞行计划界面

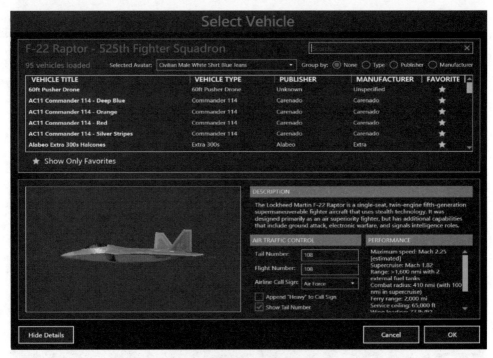

图 2-24　P3D 机型选择界面

3. 位置选择

通过点击开始界面中的【Change Airport】按键,进入机场选择界面,如图 2-25 所示。在该页面的左上角【ICAO ID】栏中输入机场四字代码,左下角【Starting Location】选择跑道或停机位,点击右下角【OK】完成位置选择。

图 2-25 P3D 机场选择界面

通过点击开始界面中的【Change Location】按键,进入地图界面,如图 2-26 所示。在该界面右侧【Latitude】栏中输入纬度值,【Longitude】栏中输入经度值,【Altitude】栏中输入高度值(单位是 ft),【Heading】栏中输入航向值,【Airspeed】栏中输入当前空速值,点击右下角【OK】完成位置选择。

4. 天气选择

通过点击开始界面左侧选择天气,点击其右下角左侧的【Weather Themes】完成天气选择,如图 2-27 所示。

5. 时间选择

通过点击开始界面右侧选择时间和季节,点击【Reset to System Time】校对系统时间,如图 2-28 所示。也可以按需设置,从左到右分别是第一排:年、月、日、星期;第二排:季节、时间;第三排:小时、分钟、秒。

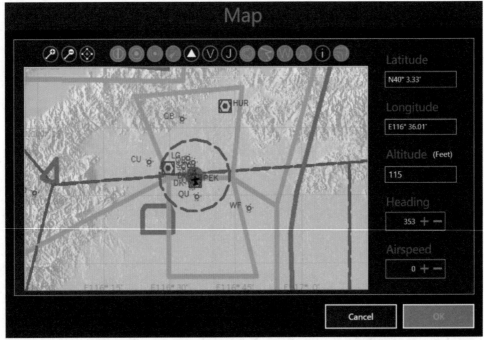

图 2-26　P3D 位置选择界面

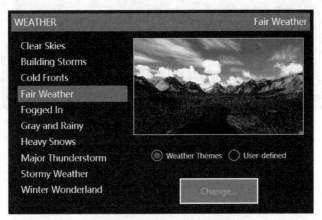

图 2-27　P3D 天气选择界面

图 2-28　P3D 时间选择界面

2.2.3 飞行界面

完成全部机型选择、位置选择、天气选择和时间选择后,点击开始界面左下角【OK】按键,进入飞行界面,如图 2-29 所示。

图 2-29　P3D 飞行界面

1. 界面信息

该界面左下角提示"PARKING BRAKES-Press 'CTRL＋.' to release",如图 2-30 所示,即可通过同时按下键盘上的"Ctrl"和"."按键释放停留刹车,停留刹车释放后此提醒信息消失。通常情况下,在该页面的左上角(飞行信息)、左下角(停留刹车、刹车)、右上角(视角信息)和右下角(警告和军用武器信息)都会有相应的提示信息显示。

图 2-30　停留刹车提示信息

2. 菜单栏

飞行界面菜单栏(即该界面顶部)信息包括场景(Scenario)、载具(Vehicle)、导航(Navigation)、世界(World)、选项(Options)、视角(Views)、分析(Analysis)、联网(Network)等。

【Scenario】选项如图 2-31 所示,包括编辑(Edit)、导入(Load)、重置(Reset)、保存(Save)和退出(Exit)等。

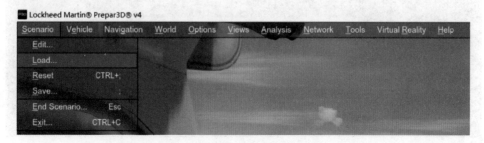

图 2-31　P3D 场景界面

　　【Vehicle】选项如图 2-32 所示,包括选择飞机(Select)、燃油与配载(Fuel and Payload, 如图 2-33 所示)、故障(Failures,ARMED 为预位,FAILED 为已经损坏,如图 2-34 所示)。

图 2-32　P3D 载具界面

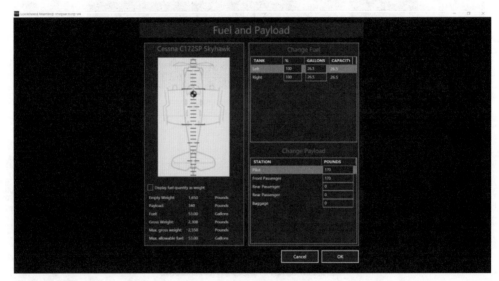

图 2-33　P3D 燃油与配载界面

图 2-34　P3D 失效界面

【Navigation】选项如图 2-35 所示,包括前往机场(Go to Airport,如图 2-36 所示)、地图(Map,如图 2-37 所示)、飞行计划(Flight Planner,如图 2-38 所示)等。

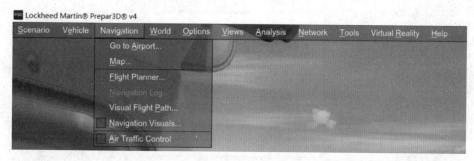

图 2-35 P3D 导航界面

图 2-36 P3D 前往机场界面

图 2-37 P3D 地图界面

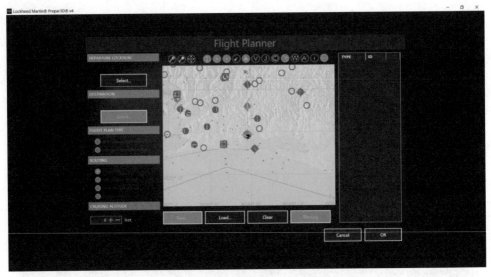

图 2-38　P3D 飞行计划界面

　　【World】选项如图 2-39 所示，包括时间与季节（Time and Season）、天气（Weather）、地景库（Senery Library，如图 2-40 所示），其中，地景库右侧包括前移（Move Up）、后移（Move Down）、添加新地景（Add Area）、删除已有地景（Delete）。

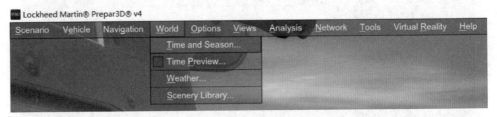

图 2-39　P3D 世界界面

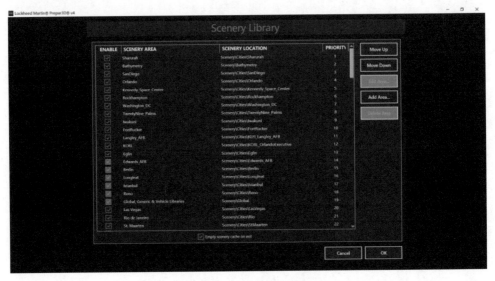

图 2-40　P3D 地景库界面

【Options】选项如图 2-41 所示，包括暂停模飞（Pause Scenario）、移位模式（Slew Mode）、倍速（Simulation Rate，如图 2-42 所示），其中，倍速可以选择变慢或者变快，在长途航线或者其他情况下可以节省时间。

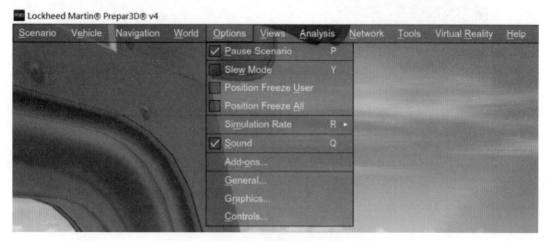

图 2-41　P3D 选项界面

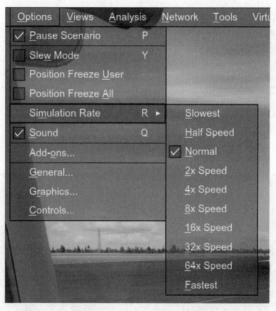

图 2-42　P3D 倍速界面

【Views】选项如图 2-43 所示。

【Analysis】选项如图 2-44 所示，其中，立即回放（Instant Replay）界面如图 2-45 所示，包括回放长度（Replay Length）和回放速度（Replay Speed）。

【Network】选项如图 2-46 所示，其中多人玩家（Multiplayer）界面如图 2-47 所示。

图 2-43　P3D 视角界面

图 2-44　P3D 分析界面

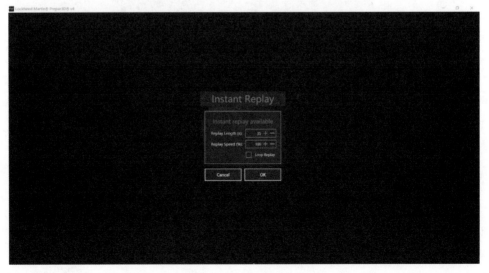

图 2-45　P3D 回放界面

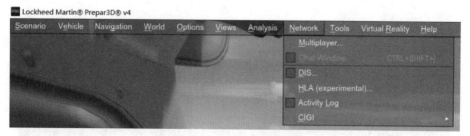

图 2-46 P3D 联网界面

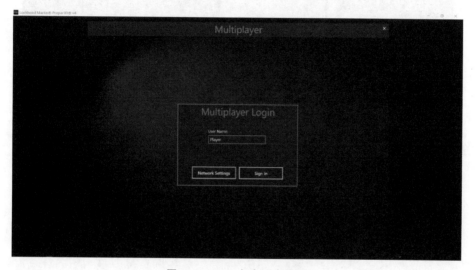

图 2-47 P3D 多人玩家界面

2.3 X-plane

2.3.1 软件简介

X-plane 是 Laminar Research 公司开发的模拟飞行软件,包括轻型飞机、商用飞机、支线客机和军用飞机,还包括全球大部分机场的场景。该软件扩展性非常好,开发者或爱好者可根据需要扩展其功能,如自行设计飞机或制作地景。

X-plane 最新版 X-plane 11 于 2017 年 3 月发布,其桌面版本支持 Mac OS、Windows、Linux 操作系统,移动版本支持 Android、iOS 系统。地景套件以极高的分辨率覆盖地球,从北纬 74°到南纬 60°,包含 35 000 多个机场,甚至有航空母舰、石油钻井平台、护卫舰或建筑物顶部的直升机停机坪上作为起降地。

同时,X-plane 软件包括了超过 15 架飞机的默认装置,还可从互联网上下载约 2 000 个飞机型号,用户甚至可以自行设计飞机并试飞。在研发过程中,X-plane 软件的开发公司研究并记录了 28 000 种空气动力学模型,从低速、亚音速、跨音速甚至超音速都能提供最逼真的物理效果。此外,X-plane 还拥有 FAA 验证,是航空公司培训飞行员使用的软件。

2.3.2 界面介绍

X-plane 的主界面如图 2-48 所示,可以继续上一次的飞行、开始新飞行、加载已保存的飞行、访问飞行学院或选择退出。

图 2-48　X-plane 主界面

1. 飞机选择

初学者建议从最后的【飞行学院】选项开始,如果需要设置新的自定义飞行,请单击【新飞行】选项以转到飞行配置界面,如图 2-49 所示。在该界面,可以选择飞机,如图 2-49 所示;自定义飞机,如图 2-50 所示;还可对飞机涂装进行选择,如图 2-51 所示;设置重量、平衡与燃油,如图 2-52 所示。

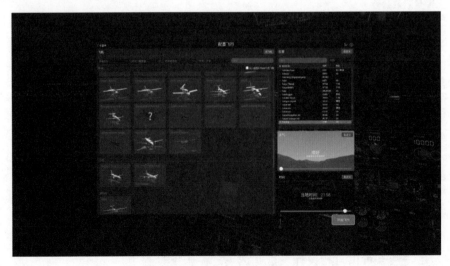

图 2-49　X-plane 飞机配置界面

图 2-50　X-plane 飞机自定义界面

图 2-51　X-plane 飞机涂装选择界面

2．位置选择

通过机场和停机位（如图 2-53 所示）对飞机的位置进行配置。

3．天气选择

天气选择界面如图 2-54 所示。

4．时间选择

时间选择界面如图 2-55 所示。

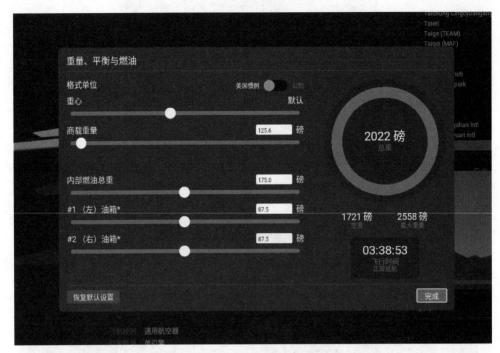

图 2-52　X-plane 重量、平衡与燃油设置界面

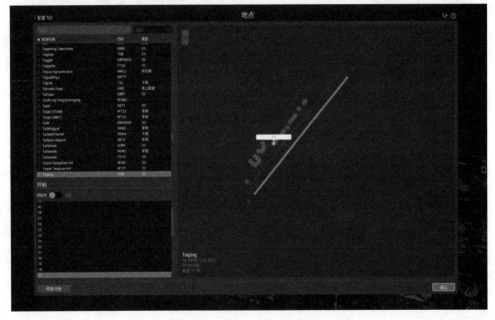

图 2-53　X-plane 位置选择界面

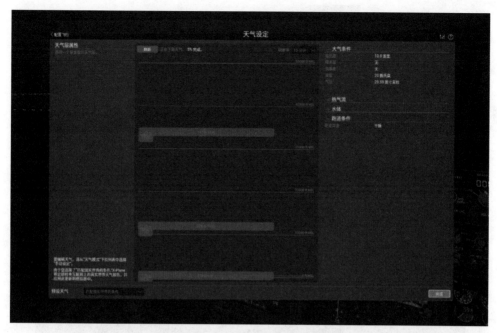

图 2-54　X-plane 天气选择界面

图 2-55　X-plane 时间选择界面

2.3.3　飞行界面

完成全部机型选择、位置选择、天气选择和时间选择后,进入飞行界面,如图 2-56 所示。

飞行界面菜单栏(即该界面顶部)信息包括通用选项(如图 2-57 所示)、声音选项(如图 2-58 所示)、图像选项(如图 2-59 所示)、网络选项、数据输出选项、摇杆选项(如图 2-60 所示)、键盘选项、GPS 设备选项、虚拟现实硬件选项。

图 2-56 X-plane 飞行界面

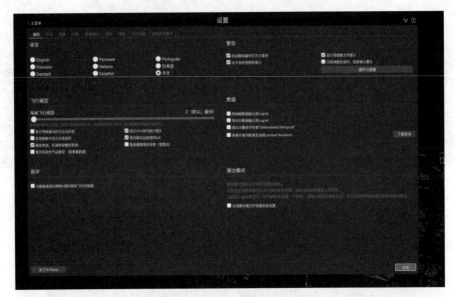

图 2-57 X-plane 通用选项界面

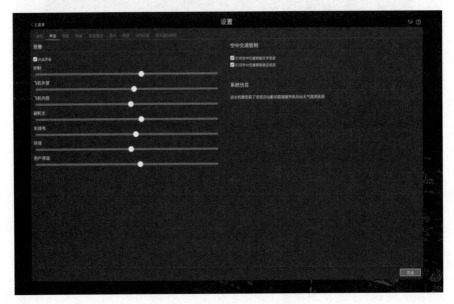

图 2-58 X-plane 声音选项界面

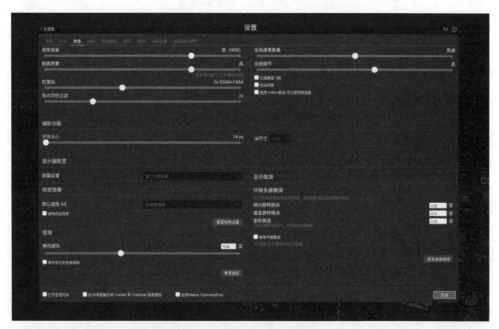

图 2-59　X-plane 图像选项界面

图 2-60　X-plane 摇杆选项界面

第❸章
仪表面板

3.1　概述

　　驾驶舱仪表面板安装了各类仪表和控制组件,可用于显示飞机的状态和位置,并控制飞机的各个系统。通常来说,面板包含的仪表系统有:飞行仪表系统、发动机仪表系统、电气仪表系统、自动飞行控制系统、通信导航仪表系统及灯光指示系统等。

　　早期的飞机采用分离式仪表布局,将主要的飞行仪表、发动机仪表、通信和导航仪表等按一定规律分布在面板上,图 3-1 所示为 Cessna 172 SP 的驾驶舱仪表面板。随着电子信息技术的发展,各类仪表的信息越来越多地集中显示到电子屏幕上。图 3-2 所示为带 Garmin 1000(简称 G1000)综合驾驶舱系统的 Cessna 172 Nav Ⅲ 的仪表面板。

图 3-1　Cessna 172 SP 驾驶舱布局(分离式仪表)

图 3-2　Cessna 172 Nav Ⅲ 驾驶舱布局（G1000 综合电子仪表）

　　Garmin G1000 电子设备系统是综合飞行控制和导航的系统。该系统在两个彩色显示器上整合了主飞行仪表、通信、飞机系统信息和导航信息。G1000 综合驾驶舱系统主飞行仪表指示显示在 GDU 1040 主飞行显示器（PFD）上。主要飞行仪表在 PFD 上呈基本的"T"形排布。姿态指示器（AI）和水平状态指示器（HSI）在主飞行显示器的中央垂直分布，并以传统的方式显示和工作。有固定指针和数字显示的垂直带状（滚动刻度）指示器显示空速、高度和垂直速度。垂直指示器代替了有弧度刻度旋转指针的模拟指示器。

　　旋钮、旋钮组（同一个轴上包含大、小两个旋钮）、薄膜按压式按钮电门位于 GDU 1040 显示器的边框上。它们控制通信（COM）、导航（NAV）、应答机（XPDR）、全球定位系统（GPS）电子设备，设置大气压（BARO）、航道（CRS）、航向（HDG），以及进行各种飞行管理功能。有些按钮电门只用于特定的功能（硬键），而其他电门的功能由系统软件定义（软键）。一个软键会在不同时候根据计算机软件的设定具有不同的操作或功能，这些软键位于 GDU 1040 显示器边框的底部。有关 G1000 电子设备系统的信息将在后续小节中详细介绍。

　　鉴于分离式仪表面板布局的飞机逐渐面临退役和淘汰，本章重点以 Cessna 172 Nav Ⅲ 为例，详细介绍其仪表和控制器的功能及使用。

　　Cessna 172 Nav Ⅲ 飞机仪表面板是全金属结构、分组安装的，便于拆卸和维护。仪表板上方设有沿飞机轴线向后延伸的遮光板，可以有效减少风挡反射的光线。Nav Ⅲ 仪表板包含 Garmin GDU 1040 主飞行显示器（PFD）、多功能显示器（MFD）和 Garmin GMA 1347 音频控制面板。通过这 3 个组件，驾驶员可以实现与 G1000 电子设备系统的交互。除此以外，仪表面板上还包含了备用仪表、电门、断路器、控制组件等。面板详细内容如图 3-3 所示，表 3-1 列出了对应编号的组件名称。

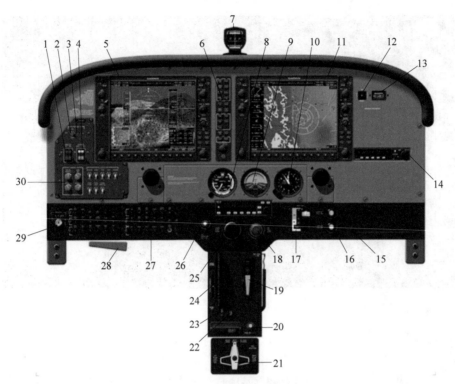

图 3-3　Cessna 172 Nav Ⅲ 驾驶舱面板

表 3-1　各组件对应名称

编　号	名　称	编　号	名　称
1	总电门（ALT 和 BAT）	16	座舱通风控制器
2	备用电瓶电门	17	襟翼电门控制杆和位置指示器
3	备用电瓶测试指示器	18	混合比杆
4	电子设备电门（BUS 1 和 BUS 2）	19	手持式麦克风
5	GDU 1040 主飞行显示器	20	燃油关断活门
6	GMA 1347 音频控制面板	21	燃油选择活门
7	磁罗盘	22	12V/10A 电源插座
8	备用空速表	23	辅助音频输入插孔
9	备用姿态仪	24	升降舵配平控制轮和位置指示器
10	备用高度表	25	油门杆
11	GDU 1040 多功能显示器	26	备用静压源活门
12	ELT 遥控电门/信号灯	27	断路器面板
13	飞行计时器	28	停留刹车手柄
14	ADF 控制和显示组件	29	磁电机电门
15	座舱加热控制器	30	照明亮度调节面板

　　Cessna 172 Nav Ⅲ 的驾驶舱面板布局如图 3-4 所示，可大致分为左侧仪表面板布局、中央面板布局、右侧仪表面板布局及中央操纵台布局。在本章后续小节中，将按以上布局详细介绍各区域仪表、电门和控制组件的功能及使用情况。

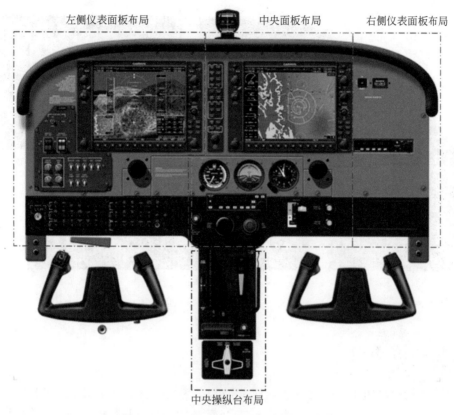

图 3-4　Cessna 172 Nav Ⅲ 驾驶舱面板布局

3.2　左侧仪表面板布局

左侧仪表面板布局主要分成 3 个区域,分别是电门面板区域、GDU 1040 主飞行显示器(PFD)和断路器面板区域,如图 3-5 所示。

电门面板里包含了总电门(MASTER)、备用电瓶电门(STBY BATT)、电子设备电门(AVIONICS)以及内部面板调光旋钮和外部灯光电门。备用电瓶(STBY BATT)电门位于驾驶员仪表板左上角的小面板上,选择电门的不同位置可以设定备用电瓶的工作方式。总电门(MASTER)和电子设备电门(AVIONICS)紧靠在备用电瓶电门的下方。区域最下方为内部面板调光旋钮和外部灯光电门,可分别用于调节驾驶舱仪表面板各区域灯光亮度和控制飞机外部灯光。

GDU 1040 主飞行显示器(PFD)位于驾驶员正面仪表板的中央,显示正常运行时的主要飞行仪表。在发动机启动、MFD 失效时,或者选择了"备用显示"电门时,PFD 上还将显示发动机指示系统(EIS)的相关信息。

断路器面板区域集成了各用电设备电路的断路器。断路器面板最左侧则为磁电机开关,用于发动机启动和磁电机检查等。

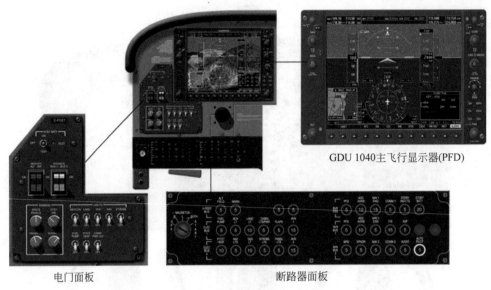

GDU 1040主飞行显示器(PFD)

电门面板   断路器面板

图 3-5   左侧仪表面板布局

3.2.1   总电门

如图 3-6 所示,总电门是一个两极摇杆式电门,分为主电瓶电门(BAT)和交流发电机电门(ALT)。主电瓶电门用于控制主电瓶给飞机供电,交流发电机电门则用于控制交流发电机系统。

图 3-6   总电门

在一般的正常操作中,两部分电门(BAT 和 ALT)应同时处于"开"(ON)位;若确有需要,主电瓶电门可以单独设为"开"(ON)位。在主电瓶电门未处于"开"(ON)位时,交流发电机电门不能单独设为"开"(ON)位。

3.2.2 备用电瓶电门

备用电瓶(STBY BATT)电门为三位("预位-关-测试","ARM-OFF-TEST")电门,可以测试和控制备用电瓶系统,如图 3-7 所示。启动发动机前应测试电瓶电量,测试时将电门短时置于"测试"(TEST)位,观察位于电门右侧的测试灯亮持续 20 s 不灭。发动机启动后不建议再对备用电瓶进行测试。

在发动机启动循环中,应将电门置于"预位"(ARM),使备用电瓶在启动循环中帮助调节和过滤重要汇流条的电压。在正常飞行中,应将电门置于"预位"(ARM),使备用电瓶充电,并且在交流发电机和主电瓶故障时,为重要汇流条供电做好准备。电门在"关"(OFF)位时,备用电瓶断开与重要汇流条的连接。备用电瓶电门处于"关"(OFF)位时,停止为备用电瓶充电,并且在电气系统故障时,防止其自动供电。

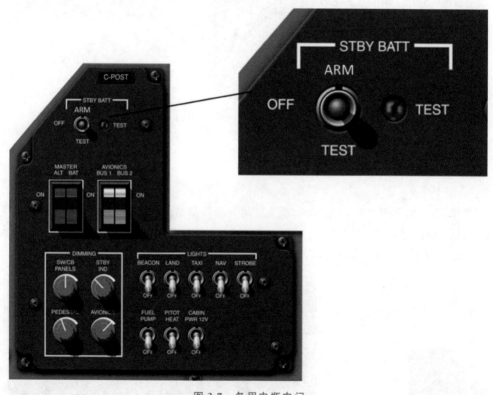

图 3-7 备用电瓶电门

3.2.3 电子设备电门

同总电门一样,电子设备电门也是一个两极摇杆式电门,分别控制向电子设备汇流条 1 (BUS 1)和电子设备汇流条 2(BUS 2)的供电,如图 3-8 所示。将电子设备电门的任一部分置于"开"(ON)位,可以为对应的电子设备汇流条供电。在开/关总电门、启动发动机或者连接外部电源之前,电子设备电门都应在"关"位,以防止电压波动对电子设备造成损坏。

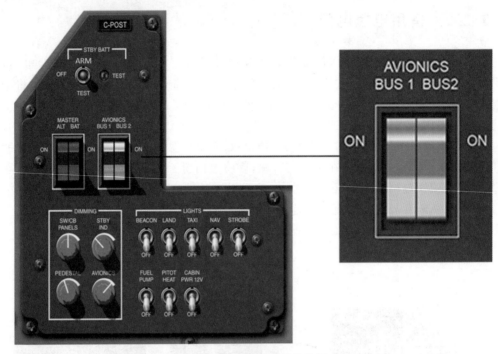

图 3-8　电子设备汇流条电门

3.2.4　照明调节

照明调节分为飞机外部灯光和内部灯光调节。外部灯光包括信标灯(BEACON)、着陆灯(LAND)、滑行灯(TAXI)、航行灯(NAV)和频闪灯(STROBE);内部灯光包括面板调光、座舱泛光照明及航图阅读灯。外部灯光电门和面板调光旋钮如图 3-9 所示。

图 3-9　外部灯光电门和面板照明调节

外部灯光在电门面板上集中在灯光（LIGHTS）区域（如图 3-10 所示），从左到右依次为：信标灯、着陆灯、滑行灯、航行灯和频闪灯。控制方式为上下扳动电门，向上扳动电门，对应灯光将打开，向下扳动电门，对应灯光将关闭。灯光的断路器位于仪表面板左下方的灯光断路器面板上。外部灯光电门下方依次为辅助燃油泵电门（FUEL PUMP）、皮托管加热电门（PITOT HEAT）和座舱 12 V 输出电源电门（CABIN PWR 12V）。辅助燃油泵主要用于发动机冷启动前的预注油和发动机主燃油泵失效时的供油。皮托管加热电门则须在外界大气温度低于 40°F 时开启，以防止皮托管结冰。

内部灯光由面板背光、座舱泛光照明及航图阅读灯组成。面板调光旋钮集中在电门面板上，位于外部灯光（LIGHTS）电门区域左侧；座舱泛光照明控制位于座舱顶板，可分别控制前舱和乘客区域的泛光照明；航图阅读灯则位于驾驶盘底部。

面板调光在电门面板上集中在调光（DIMMING）区域（如图 3-11 所示），由 4 个旋钮组成：电门/断路器面板（SW/CB PANELS）调光器、中央操纵台（PEDESTAL）调光器、备用仪表（STBY IND）调光器、电子设备（AVIONICS）调光器。

图 3-10　外部灯光电门

图 3-11　面板亮度调节旋钮

电门/断路器面板（SW/CB PANELS）调光器：主要控制电门（SWITCH）和断路器（CB）两个面板的灯光亮度。电门面板、断路器面板、发动机控制和环境控制面板的灯光通过使用内发光 LED 灯光面板完成。逆时针旋转调光器将降低灯光亮度直至关闭，顺时针则为增加灯光亮度直至最亮。

中央操纵台（PEDESTAL）调光器：主要控制中央操纵台的基座照明。中央操纵台的照明包括操纵台不同位置上的两个有罩盖灯光。逆时针旋转调光器将降低照明亮度直至关闭，顺时针则为增加灯光亮度直至最亮。

备用仪表（STBY IND）调光器：主要控制备用空速表、姿态仪、高度表和磁罗盘的灯光。逆时针旋转调光器将降低灯光亮度直至关闭，顺时针则为增加灯光亮度直至最亮。

电子设备（AVIONICS）调光器：主要控制电子设备面板的照明。电子设备面板照明包括 PFD 与 MFD 面板的显示照明、音频面板照明、KAP140 飞行计算机（若安装）按键和显示照明。旋转位于电门面板上调光电门组的电子设备（AVIONICS）调光器可以控制其照明亮度。把调光器置于"关"（OFF）位（逆时针旋转到底），将使电子设备根据光电管自动调节照明亮度。在白天或环境亮度较低,但不需使用电子设备仪表面板和按键照明的情况下,推荐使用该自动调节功能。在光线亮度低至夜晚环境时,从"关"(OFF)位顺时针旋转调光器,即可使用电子设备(AVIONICS)调光器来调节所有电子设备照明亮度。在夜晚及光线暗时,推荐使用调光器来调节电子设备的照明。

座舱泛光照明使用两个亮度可调的前舱泛光灯(如图 3-12 所示)和一个后排乘客区顶灯(如图 3-13 所示)。它们都安装在头顶板上,并通过前灯的调光开关和后灯的按压式开关电门控制。前舱灯光可旋转,以便为前排机组提供方向性的照明。后舱顶灯提供后座舱区域的常规照明。后舱顶灯和礼貌灯共用一个电门。

图 3-12　前舱泛光照明

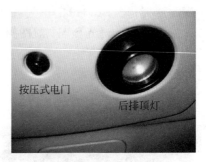

图 3-13　后排乘客区域泛光照明

灯光系统最可能发生的故障是灯泡烧坏,但也可能是电路短路等其他故障。因此,若任何灯光系统不工作,应检查相应的断路器:若断路器已跳开,又没有明显的短路迹象(冒烟或臭味),可关闭受影响的灯,复位断路器,然后再打开该灯。如果断路器再次跳开,直到机务对其维护完成前,不应当再次复位该断路器。

飞行员航图阅读灯由可变电阻器和灯光组件构成,亮度可调,如图 3-14 所示。二者都位于左座飞行员驾驶盘的下面。该灯光从驾驶盘底部向下为飞行员膝部提供照明。使用该灯时,先打开航行灯(NAV),然后使用有凸边的可变电阻器旋钮调节地图灯的亮度。顺时针旋转调光器增加灯光亮度,逆时针旋转调光器则减小灯光亮度。

图 3-14　飞行员航图阅读灯

3.2.5　磁电机电门

磁电机电门位于断路器面板的左侧，它是一个旋转电门，主要用于发动机点火和对起动机的操作，如图 3-15 所示。该电门顺时针标有：“关”(OFF)位、“右”(R)位、“左”(L)位、“双组”(BOTH)位和“启动”(START)位。除检查磁电机的情况以外，磁电机电门一般应处于“双组”(BOTH)位，以保证发动机运行时是使用两台磁电机为气缸电嘴供电，提高发动机的可靠性。“右”(R)位和“左”(L)位仅用于检查目的和应急使用。当将电门旋转至弹性加载的“启动”(START)位时(总电门在开位)，起动机接合，并且通电的起动机将带动发动机转动。松开电门后，电门会自动弹回到“双组”(BOTH)位。

图 3-15　磁电机开关

3.2.6　断路器面板

断路器面板位于飞行员操纵盘下方，如图 3-16 所示，其集成了各电路对应的断路器。每个断路器都可以单独“拔出”以便管理电气负载。不建议将断路器当作电门使用，否则会减少断路器的使用寿命。

图 3-16　断路器面板

电源分配模块使用三个断路器作为电源汇流条的反馈电器。备用电瓶使用自动“快速熔断”型保险丝。备用电瓶在电流并联电路中使用，位于备用电瓶控制器印刷电路板上的双绕组可更换型保险丝。

大部分 G1000 设备使用内部无绕组的可更换型保险丝。设备必须通过授权的服务站返回公司更换。

3.2.7　GDU 1040 主飞行显示器

如前所述，G1000 电子设备系统是综合飞行控制和导航的系统。该系统在两个彩色显示器上整合了主飞行仪表、通信、飞机系统信息和导航信息。G1000 综合驾驶舱系统主飞行仪表指示显示在 GDU 1040 主飞行显示器(PFD)上。

1. PFD/MFD 控制

如图 3-17、表 3-2 所示,对于 PFD/MFD 的控制主要是通过位于 GDU 1040 显示器边框上的旋钮、旋钮组(同一个轴上的两个旋钮)、按钮电门来实现的。它们用于控制通信(COM)、导航(NAV)、应答机(XPDR)、全球定位系统(GPS)电子设备,并可设置大气压(BARO)、航道(CRS)、航向(HDG),以及进行各种飞行管理功能。有些按钮电门只能用于特定的功能(硬键),而其他电门的功能由软件定义(软键)。软键位于 GDU 1040 显示器边框的底部,一个软键会在不同时候根据计算机软件的设定具有不同的操作或功能。

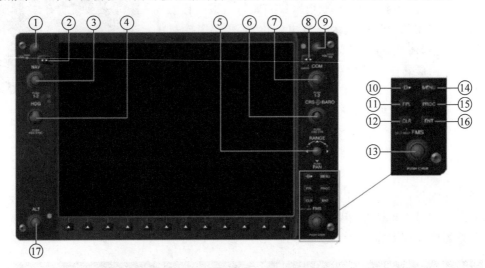

图 3-17　PFD/MFD 的控制组件

表 3-2　PFD/MFD 控制组件对应名称

编　号	名　称	编　号	名　称
1	NAV 音量/ID 旋钮	10	直飞键
2	NAV 频率转换键	11	飞行计划键
3	NAV 旋钮	12	消除键
4	航向旋钮	13	飞行管理系统旋钮
5	范围调整拨杆	14	菜单键
6	航迹/气压旋钮	15	程序键
7	COM 旋钮	16	输入键
8	COM 频率转换键	17	高度旋钮
9	COM 音量/静噪旋钮		

各控制组件的功能如下所示:

1) NAV 音量/ID 旋钮

控制导航音频的音量。按下该键旋钮开或关莫尔斯代码识别。音量以百分比的形式显示。

2) NAV 频率转换键

备用和使用导航频率的相互转换。

3）双 NAV 旋钮

调谐导航接收机的备用频率 MHz(大旋钮)和 kHz(小旋钮)。按下该键旋钮,在第一和第二部导航间转换调谐光标(明亮的蓝色方框)。

4）航向预选旋钮

在 HSI 上人工选择航向。按下该键时使航向游标与当前航向同步。

5）距离圈调整拨杆

旋转时改变地图的范围。按下该键时激活地图上的指针。

6）航道/气压旋钮

大旋钮用于设置高度表的气压拨正值,小旋钮用于调整航道。

7）双 COM 旋钮

调谐通信接收机的备用频率 MHz（大旋钮）和 kHz（小旋钮）。按下该键旋钮,在第一和第二部通信间转换调谐光标(明亮的蓝色方框)。

8）COM 频率转换键

转换备用和使用的通信频率。按下该键并保持 2 s,自动在使用频率处调谐应急频率(121.5 MHz)。

9）COM 音量/SQ 旋钮

控制通信音量。按下该旋钮开或关自动静噪。音量以百分比的形式显示。

10）Direct-to 键

允许用户输入一个目标航路点并建立直飞至该点(由航路点代码指定,从激活的航路选择,或从地图光标位置选定)的航路。

11）FPL 键

显示激活的飞行计划页面以建立和编辑激活的航路,或者调出储存的飞行计划。

12）CLR 键（默认地图页面）

删除信息,取消输入或移除页面菜单。按下该 CLR 键并保持,直接显示导航地图页面(只有在 MFD 上)。

13）双 FMS 旋钮

用来选择查看页面组页面（仅 MFD）。大旋钮选择页面组（MAP,WPT,AUX,NRST),小旋钮用来选择页面组中的子页面。按下该键小旋钮激活光标,当光标被激活时,可以使用小旋钮和大旋钮输入数据。大旋钮用来在页面上移动光标,小旋钮用来在激活的光标位置选择单独的字符。当 G1000 的菜单太长显示不下的时候,在显示的左侧会出现一个滚动条,表示在所选的类别中还有其他项目。按下该键 FMS/PUSH CRSR 旋钮激活光标并旋转大的 FMS 旋钮滚动该菜单。

14）MENU

显示与选项有关的菜单。该菜单允许用户调出附加的功能或改变设置。

15）PROC 键

从飞行计划中选择进近、离场和进场。如果飞行计划正在使用,对于该离场或进场机场的可用程序就会自动出现。如果飞行计划没有使用,预计的机场和程序也可以选择。使用该键从数据库中选出离场程序、进场程序和进近程序,并加载到飞行计划中。

16）ENT 键

确认键，用于接受选择的菜单或输入的数据。该键用来确认一项操作或完成数据输入，还可以用来确认选择和信息输入。

17）双 ALT 旋钮

在高度表上的小窗中设置参考高度。大旋钮设置高度的千位数，小旋钮设置高度的百位数。选择的高度可以为高度告警功能提供高度设置。

2. 飞行仪表

G1000 综合驾驶舱系统主飞行仪表指示显示在 GDU 1040 主飞行显示器（PFD）上，如图 3-18、图 3-19、图 3-20 所示，表 3-3、表 3-4 列出了对应编号的名称。主要飞行仪表在 PFD 上呈基本的"T"形排布。姿态指示器（AI）和水平状态指示器（HSI）在 PFD 的中央垂直分布，并以传统的方式显示和工作。有固定指针和数字显示的垂直带状（滚动刻度）指示器显示空速、高度和垂直速度。垂直指示器代替了有弧度刻度旋转指针的模拟指示器。

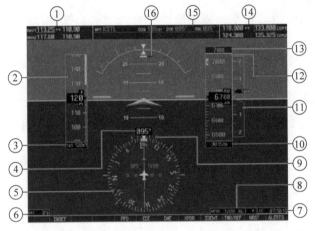

图 3-18　默认的 PFD 信息

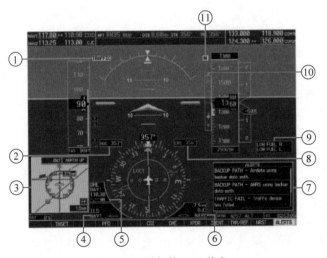

图 3-19　附加的 PFD 信息

图 3-20 PFD 导航窗口

表 3-3 图 3-18 中编号对应名称

编　号	名　　称	编　号	名　　称
1	NAV 频率窗口	9	转弯率指示器
2	空速指示器	10	气压设置窗
3	真空速窗口	11	垂直速度指示器
4	航向窗口	12	高度表
5	水平状态指示器	13	参考高度窗
6	外界温度窗	14	通信频率窗
7	系统时间窗	15	导航状态条
8	应答机状态条	16	侧滑指示器

表 3-4 图 3-19 中编号对应名称

编　号	名　　称	编　号	名　　称
1	交通信号	7	警告窗
2	航向选择窗	8	航迹选择窗
3	插入地图	9	信号窗
4	BRG1 信息窗	10	垂直偏离/下滑道指示器
5	DME 信息窗	11	指点标信号
6	BRG2 信息窗		

1）空速表

G1000 系统空速指示器位于 PFD 的左上方。如图 3-21 所示,指示空速数值显示在黑色指针内,当空速接近 V_{NE}(极限速度)时指针变为红色。彩色的弧线用来指示最大速度、正常操作速度范围、襟翼全放时操作速度范围和低速指示等。计算的真空速显示在空速条下的一个小框中。速度趋势指引的尽头显示若保持现在的加速度/减速度,6 s 后飞机将达到的空速。使用 TMR/REF 软键设置参考速度。V_g、V_r、V_x 和 V_y 显示在参考速度窗中。按下 TMR/REF 软键显示计时/参考窗,然后旋转 FMS 大旋钮将光标移到位,旋转 FMS 小旋钮选择 ON 或 OFF 激活速度参考。当其激活后,速度参考显示在速度带的右侧各自相应的位置上。

2）姿态仪

G1000 系统姿态指示器位于 PFD 的中上方,如图 3-22、表 3-5 所示。G1000 姿态指示器有一条与 GDU 1040 显示器同宽的水平线。坡度指示刻度是传统式的:0°～30°,最小刻度是 10°;30°～60°,最小刻度是 15°。坡度指针是一个小飞机图标。俯仰指示刻度的最小刻度是 5°,每 10°有数字标示。无论机头向上还是向下超过俯仰极限,指示器上将会出现红色"V"形标志警告,指示将飞机改平的方向。坡度指针下面有一个白色的梯形,它会水平地左右移动,指示由侧滑指示球提供的侧滑信息。进行协调转弯时,该梯形应位于坡度指针下方中间。

图 3-21　空速的指示

图 3-22　姿态信息的指示

表 3-5　图 3-22 中编号对应名称

编　号	名　称	编　号	名　称
1	横滚指针	6	飞机翼尖
2	横滚刻度	7	俯仰刻度
3	地平线	8	侧滑指示器
4	飞机标记	9	天空标记
5	地面标记	10	横滚指示

3）高度表

G1000 系统的高度指示器位于 PFD 上姿态指示器的右侧,如图 3-23 所示。使用 GDU 1040 主飞行显示器上的气压(BARO)旋钮可以设定当地气压值。在高度表的带状刻度上有一个可调的青色高度参照游标,可用显示器边上的高度选择(ALT SEL)旋钮选择这个指针。在高度表上方的一个小窗口中显示高度游标设置。趋势指引的尽头显示保持当前的升降速度,6 s 后飞机大致将到达的高度。当使用仪表着陆系统(ILS)导航时,垂直偏离/下滑道指示器出现指示。

4）水平状态指示器

水平状态指示器(HSI)位于 PFD 下部的中央。HSI 包括一个稳定的磁航向指示器(罗盘刻度盘)和一个可选择的航道偏离指示器(GPS 或 VHF 导航)。HSI 的外观和操作都为传统方式。有关 HSI 的指示信息如图 3-24、表 3-6 编号对应名称所示。

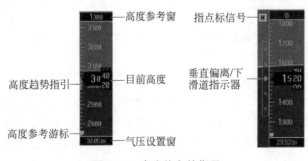

图 3-23　高度信息的指示

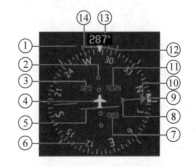

图 3-24　水平状态指示器

表 3-6 图 3-24 中编号对应名称

编 号	名 称	编 号	名 称
1	转弯率指示器	8	向/背台指示
2	水平偏离刻度	9	航向游标
3	导航源	10	航道指针
4	飞机标记	11	飞行阶段
5	航道偏离指示器	12	转弯率和航向趋势指引
6	旋转的罗盘刻度环	13	航向
7	OBS 模式	14	标线

5）垂直速度指示器

垂直速度指示器（VSI）位于 PFD 右上方高度指示器的右侧，如图 3-25 所示。垂直速度指针在固定的刻度中上下移动，并在指示器中以数字显示爬升或下降速度。垂直速度带状刻度的右边有一个 0 ft/min 的切口指标。显示的下降速度在数字前有一个负号。爬升或下降垂直速度必须大于 100 ft/min 时，VSI 指示器才会显示垂直速度的数值。

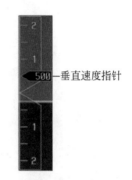

图 3-25　垂直速度指示器

3.3　中央面板布局

3.3.1　音频控制面板

GMA 1347 音频控制面板安装在 PFD 和 MFD 之间的仪表板上，如图 3-26 所示。它将 G1000 系统中的所有通信和导航数字音频信号、内话系统以及指点标控制等合为一个组件。GMA 1347 也用于控制 PFD 和 MFD 的"备用显示模式"，该按键为红色，并位于音频控制面板的底部。

按下 COM1 MIC 或 COM2 MIC 键，选择使用的收发机，如图 3-27 所示。当按下 COM MIC 键后，也会选择相应的接收音频（COM1 或 COM2）。为了防止按下其他 COM MIC 键的时候误取消需要的接收无线电，在按下另一 COM MIC 键之前，应按下需要的 COM1 或 COM2 键。

指点标接收机通常是开的，表示 PFD 上显示的指点标信号。当按下 MKR/MUTE 键时（如图 3-28 所示），在接收到指点标信号时信号灯亮并且可以听到音频信号。出现音频信号后，按下 MKR/MUTE 键静音，但是灯光信号不受影响。在接收到下一个指点标信号时音频信号又会再次出现。按下 HI SENS 键可以增加对指点标信号的灵敏度。图 3-29 给出了 PFD 上的指点标信号灯。

按下 DME、ADF、NAV1 或 NAV2 键（如图 3-30 所示），选择和取消相应音频源并激活信号灯。所选的音频信号可以从耳机和扬声器听到。这四个键可以单独选择或一起选择。

按下 PILOT 和（或）COPLT 键选择需要的模式，如图 3-31、表 3-7 所示。

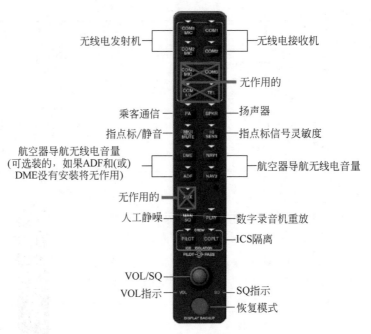

无线电发射机 —— 无线电接收机

—— 无作用的

乘客通信 —— 扬声器

指点标/静音 —— 指点标信号灵敏度

航空器导航无线电音量
（可选装的，如果ADF和(或)
DME没有安装将无作用）—— 航空器导航无线电音量

无作用的 ——

人工静噪 —— 数字录音机重放

—— ICS隔离

VOL/SQ

VOL指示 —— SQ指示
—— 恢复模式

图 3-26　音频控制面板

图 3-27　收发机

图 3-28　指点标

内指点标指示器　　　　中指点标指示器　　　　外指点标指示器

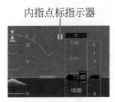 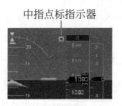 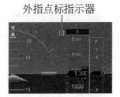

图 3-29　PFD 上的指点标信号灯

图 3-30　导航无线电

图 3-31　内话隔离（ICS）

表 3-7　内话隔离（ICS）模式

模　　　式	PILOT 键信号	COPLT 键信号	左 座 听 到	右 座 听 到	后 座 听 到
全部	关	关	选择的无线电；左座；右座；后座；MUSIC1	选择的无线电；左座；右座；后座；MUSIC1	选择的无线电；左座；右座；后座；MUSIC2
飞行员	开	关	选择的无线电；右座	左座；后座；MUSIC1	右座；后座；MUSIC2
副驾驶	关	开	选择的无线电；左座；后座；MUSIC1	右座听到	选择的无线电；左座；后座；MUSIC2
机组	开	开	选择的无线电；左座；右座	选择的无线电；左座；右座	后座；MUSIC2

　　按下 MAN SQ 键（如图 3-32 所示），选择内话音频的人工静噪，同时信号灯亮。按下 VOL/SQ 小旋钮在音量和静噪之间转换调节，相应的 VOL 或 SQ 灯亮。

　　接收到的主通信音频自动录制在一个存储区当中。当下一次音频传送接收到以后，录制在下一存储区中。当录制达到 2.5 min 时，从最先记录的存储区开始重新记录。关掉电源则自动清除所有的记录。

　　按下一次 PLAY（如图 3-33 所示），播放最近录制的存储区的内容，然后回到正常操作。在回放时按下 PLAY 暂停回放该存储区的内容，而回放前一存储区的内容。PLAY 键可以用来搜索所有的存储区以回放需要的内容。在回放时按下 MKR/MUTE 键暂停回放并回到正常操作。如果在回放时有通信信号，回放就会停止，并将新信号录制为最近的存储内容。

图 3-32　音量/降噪控制

图 3-33　回放

3.3.2　GDU 1040 多功能显示器

　　GDU 1040 多功能显示器（MFD）位于中央面板的上方、GMA 1347 音频控制面板的右边。MFD 窗口如图 3-34 所示，其左边显示发动机指示系统信息，在可移动的地图上显示导航、地形、闪电及交通灯信息。MFD 飞行管理或显示设置信息可替代移动地图页面显示。

GDU 1040 多功能显示器(MFD)的按键、旋钮控制与 GDU 1040 主飞行显示器(PFD)一致,详细内容见 3.2.7 节。

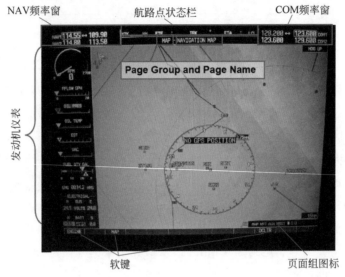

图 3-34　MFD 窗口显示信息

1. 发动机仪表指示

G1000 发动机仪表指示系统(EIS)以图形和数值的方式向飞行员提供发动机、燃油、电气系统的参数信息,如图 3-35 所示。在发动机启动期间,EIS 的信息显示在主飞行显示器(PFD)左边的垂直条上;在正常操作期间,其显示在多功能显示器(MFD)上。在飞行期间,如果二者之一(PFD 或 MFD)失效,则 EIS 显示在正常工作的显示器上。

EIS 信息显示在三个页面上,可以用发动机(ENGINE)软键来进行选择。

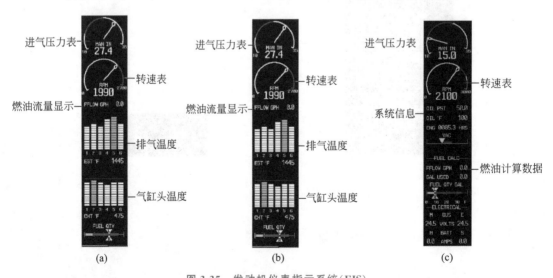

图 3-35　发动机仪表指示系统(EIS)

(a) 发动机状态页面;(b) 贫富油页面;(c) 发动机系统页面

仪表中的绿色表示工作正常,黄色表示警戒,红色表示警告。

按下 ENGINE 软键显示 LEAN 和 SYSTEM 软键,从而分别进入贫富油页面和发动机系统页面。

1) 发动机页面

发动机页面提供了以下指示:转速、燃油流量、滑油压力、滑油温度、排气温度(EGT)、真空度、燃油量、发动机工作时间、电气汇流条电压和电瓶电流。

除汽缸头温度(CHT)外,当发动机页面默认参数值超限时,页面都将自动回到默认的发动机页面。

2) 贫富油页面

当按压发动机(ENGINE)软键时,在发动机(ENGINE)软键旁出现贫富油(LEAN)和系统(SYSTEM)软键。贫富油(LEAN)页面提供所有汽缸的汽缸头温度(CHT)和排气温度(EGT)的同步信息,以便调整(即调贫油)燃油/空气的混合比。

按下 CYL SLCT 软键,选择需要监控的汽缸。当某一汽缸温度显示进入黄色或红色范围时,CYL SLCT 软键失效,直到温度下降并恢复到正常范围。按下 ASSIST 软键也将使CYL SLCT 软键失效。按下 ASSIST 软键将使温度最先达到峰值的气缸显示高亮,并且显示该汽缸的信息。

3) 发动机系统页面

发动机(ENGINE)页面中没有提供数值的那些参数的信息在系统(SYSTEM)页面上显示。系统(SYSTEM)页面还提供了燃油流量(FFLOW GPH)和已使用燃油量(GAL USED)的数值。

如果需要,按下 RST FUEL 软键,使所用燃油和剩余燃油回零。按下 GAL REM 软键显示油量调节软键。-10GAL、-1GAL、+1GAL、+10GAL 软键可用于增加或减少剩余燃油量。

2. 页面组及页面

MFD 中包含 4 个页面组(Page Group),分别是地图(Map)页面组、航路点(Waypoint)页面组、辅助(Auxiliary)页面组和最近(Nearest)页面组,每个页面组下包含不同的子页面(Page),如图 3-36 所示。旋转 FMS 大旋钮直到选中需要的页面组,旋转 FMS 小旋钮在该页面组中选择子页面。

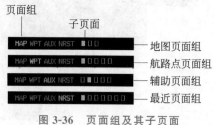

图 3-36　页面组及其子页面

1) 地图页面组

地图页面组包含 3 个子页面,如图 3-37 所示。可以分别显示地图的导航信息、交通信息和地形信息。

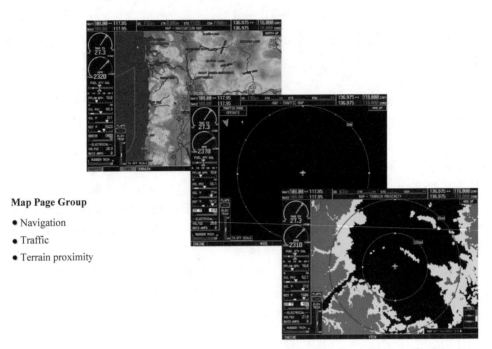

图 3-37　地图页面组

Map Page Group
- Navigation
- Traffic
- Terrain proximity

2）航路点页面组

航路点页面组包含 5 个子页面，如图 3-38 所示。可以分别显示航路点的机场信息、交叉点信息、NDB 信息、VOR 信息以及用户航路点信息。

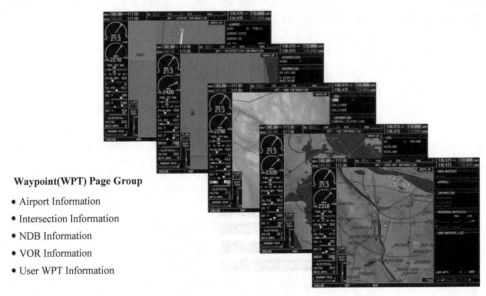

Waypoint(WPT) Page Group
- Airport Information
- Intersection Information
- NDB Information
- VOR Information
- User WPT Information

图 3-38　航路点页面组

3）辅助页面组

辅助页面组包含 5 个子页面，如图 3-39 所示，分别为航程计划页、实用工具页、GPS 状态页、系统设置页和系统状态页。

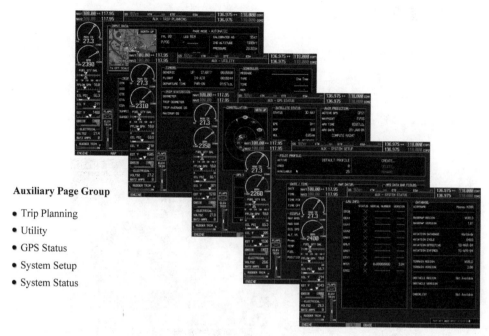

Auxiliary Page Group

- Trip Planning
- Utility
- GPS Status
- System Setup
- System Status

图 3-39　辅助页面组

4）最近页面组

最近页面组包含 7 个页面,如图 3-40 所示。可以分别显示最近的机场、交叉点、NDB、VOR、用户航路点、频率以及空域等。

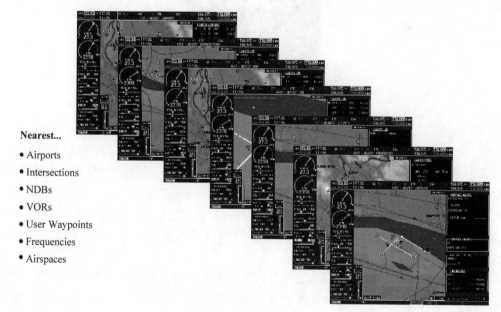

Nearest...

- Airports
- Intersections
- NDBs
- VORs
- User Waypoints
- Frequencies
- Airspaces

图 3-40　最近页面组

3.3.3　备用飞行仪表

　　Cessna 172 Nav Ⅲ 飞机共有 4 块备用仪表,分别为传统(机械式)的空速表、真空系统驱动的姿态仪、气压式高度表及磁罗盘。其中,空速表、姿态仪和高度表位于中央面板 GMA 1347 音频控制面板下方,如图 3-41 所示;磁罗盘则位于遮光板上,如图 3-42 所示。全静压仪表(备用空速表、备用姿态仪)与 GDC 74A 大气数据计算机共同使用飞机的皮托管和静压口。

图 3-41　备用空速表、姿态仪、高度表

图 3-42　磁罗盘

　　1) 备用空速表

　　备用空速表的刻度单位是 kt,显示的是飞机的指示空速。通过对表盘正上方的气压温度窗中的气压高度和温度进行校准后,还可以从表中读出真空速。

　　空速表的指示范围为:白弧(33~85 kt),绿弧(44~129 kt),黄弧(129~163 kt)和红线(163 kt)。白弧代表满襟翼状态时飞机的速度范围,绿弧代表正常工作速度范围,红线代表飞机的最大限制速度。

　　要从表中读取真空速,首先要确定外界大气温度和压力高度值。使用这些数据,旋转左下角的旋钮,使气压温度窗中的气压高度与外界大气温度刻度对齐,真空速(经压力和温度校正)便能从表盘下方的刻度中读出。

　　2) 备用姿态仪

　　备用姿态仪是一个由真空度系统驱动的陀螺仪表,可以指示飞机的俯仰角和坡度角。

坡度从 0°到 30°,最小刻度是 10°;从 30°到 60°,最小刻度是 15°。俯仰指示刻度的最小刻度是 5°。姿态仪上有一个低真空度警告旗,当真空度过低导致系统失效时出现,代表此时姿态仪上信息不可靠。

3)备用高度表

备用高度表是一个气压式高度表,刻度计量单位是英尺。其中,菱形指针指示的是万英尺、短指针指示的是千英尺、长指针指示的是百英尺。

4)备用磁罗盘

磁罗盘(如图 3-42 所示)指示的飞机的罗航向,需要根据磁罗盘面板的卡片进行修正,得到磁航向。

3.3.4　油门杆和混合比杆

发动机控制器位于中央面板 KAP 140 自动驾驶仪(如安装)的下方,分别为油门杆和混合比杆,如图 3-43 所示。油门杆用于控制活塞发动机的进气量,混合比杆则用于调节发动机的余气系数。

油门杆为左边的黑色操纵杆,操纵方式为前后推拉。往前推油门杆,增大发动机进气量,发动机转速增加;往后拉油门杆,减小发动机进气量,发动机转速减小。油门杆的根部有带纹的摩擦锁,可用于调节飞行员推拉油门杆时感受到的阻力。顺时针旋转摩擦锁,增加推拉油门杆的阻力;逆时针旋转摩擦锁,减小推拉油门杆的阻力。

混合比杆为右边的红色操纵杆,调节方式有两种,分别实现对余气系数的微调和快速调节。第一种调节方式(对应余气系数的微调)的具体操作为:旋转混合比杆头部的红色凸轮:顺时针旋转,混合比杆往前移

图 3-43　油门杆和混合比杆

动,调富油;逆时针旋转,混合比杆往后移动,调贫油。第二种调节方式(对应余气系数的快速调节)的具体操作为:首先,用食指和中指夹住混合比杆,然后,用拇指按压住混合比杆顶部的"Lock Button",最后,前后推拉混合比杆,从而实现对余气系数的快速调节。这里必须值得注意的是,混合比杆并不能像油门杆那样直接前后推拉,需要先用拇指按住混合比杆头部的"Lock Button",才能够实现混合比杆的前后推拉调节。这样的防错设计,可以防止在飞行过程中对混合比杆的误碰造成发动机的不正常工作甚至熄火。以上两种调节方式中,第一种适用于对余气系数的微调,第二种适用于对余气系数的快速调节。

3.3.5　备用静压源活门

备用静压源活门(ALT STATIC AIR)位于油门杆旁,如图 3-44 所示。如果位于机身侧面的静压孔堵塞,则拉出备用静压源活门,由座舱内部空气提供静压源。

当怀疑由于静压孔堵塞等原因造成仪表读数不准确时,应该拉出备用静压源活门。当

备用静压源活门拉出至开位时,与正常情况相比空速表和高度表存在误差,应按照"空速校准表"对数值进行修正。

图 3-44　备用静压源活门

位置指示器

控制手柄

图 3-45　襟翼控制和指示器

3.3.6　襟翼控制和指示器

机翼襟翼的控制手柄和位置指示器位于中央面板的右下方,如图 3-45 所示。襟翼手柄在一个开口滑槽内可上下移动,在 10°、20°和 30°的襟翼位置有机械卡位。要改变襟翼位置,需将襟翼手柄移到右侧,以越过 10°与 20°位置的机械卡位。值得注意的是,襟翼的实际位置不是由襟翼手柄的位置决定,而是根据位置指示器的指针决定。位置刻度左侧的数值"110""85"则代表襟翼在某个位置时的飞机速度上限。

3.4　右侧仪表面板布局

右侧仪表面板布局包括了紧急定位发射器(ELT)、计时器(Hobbs)和自动定向仪(ADF)显示及控制组件,如图 3-46 所示。

紧急定位发射器(ELT)的主要功能为发送救援信号以便救援人员定位飞机的具体位置。通常来说,将 ELT 电门置于"预位"(ARM),此时若传感器感受到飞机处于一定失重状态时,紧急定位发射机自动发射求救信号;若飞行员需要执行迫降,则需手动将 ELT 电门置于"开"(ON)位,紧急定位发射机发射求救信号,如图 3-47 所示。

当紧急定位发射机发射信号时,位于拨动电门中间的信号灯亮。ELT 在国际遇险频率 121.5 MHz 和 243.0 MHz 发送全向定位信号。

计时器(Hobbs)位于 ELT 电门的右侧,如图 3-47 所示,用于记录发动机的工作时间(滑油压力大于 20 PSI 时)。

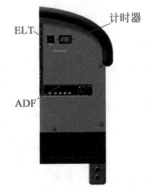

ELT

计时器

ADF

图 3-46　右侧仪表面板布局

自动定向仪（ADF）的接收机和控制面板位于右侧仪表面板中部，如图 3-48 所示，主要功能为感受飞机和电台的相对磁方位，还可用于记录飞行时间和空中计时。左侧窗口显示使用频率，右侧窗口显示备用频率或飞行时间/计时。ADF 的控制器包括：

（1）"ADF"按键：实现 ANT 模式和 ADF 模式的相互转换；

（2）"BFO"按键：按下激活 BFO 模式；

（3）"FRQ"按键：实现备用频率和使用频率的相互转换；

（4）"FLT/ET"按键：飞行时间和空中计时；

（5）"SET/RST"按键：设置和复位；

（6）"VOL"旋钮：开关和音量调节；

（7）"TUNE"旋钮：频率调节。

图 3-47　紧急定位发射器（ELT）电门和计时器（Hobbs）　　图 3-48　ADF 接收机/控制面板

3.5　中央操纵台布局

位于中央面板下的中央操纵台（如图 3-49 所示）包括升降舵配平手轮和位置指示器、辅助音频输入插孔、12 V/10 A 电源输出口、手持麦克风和燃油关断活门。燃油选择活门位于操纵台的底部。

配平手轮（如图 3-50 所示）用于完成对升降舵的配平操作，往前拨手轮，飞机机头向下偏（NOSE DOWN），往后拨手轮，飞机机头向上偏（NOSE UP）。需要注意的是，起飞之前应调整配平手轮，使指针处于"起飞"（TAKE OFF）位。

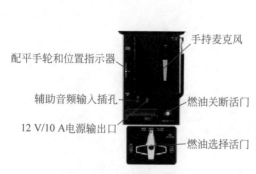

图 3-49　中央操纵台布局　　　　图 3-50　配平手轮和位置指示器

　　辅助音频输入插孔（AUX AUDIO IN）允许娱乐音频设备（如磁带播放机、CD 播放机）通过耳机播放音乐。在起飞和着陆中禁止使用 AUX 娱乐音频输入。在仪表飞行中禁止使用 AUX 娱乐音频输入和诸如手机、游戏机、磁带机、CD 机和 MP3 播放器之类的便携式电气设备（PED）。

　　禁止在起飞和着陆中使用 12 V 供电系统。禁止在仪表飞行中使用 12 V 供电系统，除非飞机运行人已确定使用 12 V 供电系统和连接的便携式电气设备不会影响飞机的导航和通信系统。

　　燃油选择活门位于中央操纵台底部（如图 3-51 所示），为三位选择活门。选择"左"（LEFT）位时，左油箱给发动机供油；选择"双组"（BOTH）位时，左右油箱同时给发动机供油；选择"右"（RIGHT）位时，右油箱给发动机供油。

　　在通常的起飞、爬升、着陆以及包括超过 30 s 长时间侧滑的机动飞行时，燃油选择器活门都应放在"双组"（BOTH）位，即让左右油箱同时供油。

图 3-51　燃油选择活门

第 ❹ 章

飞 行 程 序

根据飞行中领航方式的不同,通常将飞行程序分为目视飞行程序和仪表飞行程序两类。一次完整的飞行过程包括起飞、爬升、巡航、下降、进近和着陆几个阶段。

4.1 目视飞行程序

4.1.1 目视飞行的意义

目视飞行即在可见天地线、地标的天气条件下,能够目视判明航空器飞行状态和方位的飞行。目视飞行时,机长对航空器距离、间隔以及安全高度负责。目视飞行是自航空器发明以来最直接也是最原始的飞行,飞行员最先接触到的飞行基本操纵也是建立在目视条件下的。

随着航空业的不断发展和大量先进技术的应用,仪表飞行的出现从一定程度上解决了航路飞行管制和机场管制的压力。但由于机场的繁忙程度越来越高,主要使用仪表飞行规则和仪表间隔已经渐渐不能满足当代民航增量的需求,越来越多的机场将目视进近、目视飞行、目视间隔与仪表规则结合,大大增加了航空器运行效率以及航空器驾驶员在整个运行过程中的参与度。对一个机场而言,拥有目视飞行程序将会很大程度地解决机场的管制压力,从而也为提高运行终端容量提供了可靠的保证。目视飞行程序是仪表飞行程序的补充,程序运行比较灵活,利用自然界本来存在的地标,如河流、公路、建筑、湖泊等,不依赖地面导航台,对机载导航设备也没有很高的要求。它提高了飞行员的情景意识,同时也缩短了航路和飞行间隔。

实施目视间隔和进近能够很大程度地缓解机场的管制压力,目视飞行是仪表飞行程序的备份,在实际运行中可能会出现地面导航设施故障无法向空中的飞机提供导航信号,或者机载接收设备故障不能接收地面导航设施的信号等情况,这都会影响飞机的正常飞行。因此,目视飞行对应对特殊状况的发生,将起到重要的补充作用。另外,实施目视飞行,使得对地面导航设施的依赖程度降低,也增大了终端区流量,减少了延误的发生,提高了运营效率,有助于航空公司降低运营成本。同时,将责任很大程度地从管制员移交给飞行员,这样,能够最大限度地发挥飞行员的作用,同时又降低了管制员的工作负荷。

早在 2008 年 3 月,在广州白云机场及深圳宝安机场就开展了为期几个月的目视间隔与进近试运行工作。通过试运行总结出目视飞行带来的好处有三个：①运行容量显著提高。实施目视进近显著提升了两个机场繁忙时段的运行容量。②特殊情况明显减少。实施目视间隔与进近有效地避免了因仪表间隔丧失造成的复飞和中断进近的情况。试运行以前，因管制调配或飞行追赶等原因发生过多次航空器五边复飞或中断进近情况，而试运行期间再未出现此类问题。③管制手段得到较大丰富。实施目视间隔与进近丰富了现有管制手段，减轻了管制员雷达监控强度和陆空通话负荷，有利于提高飞行的机动灵活性。

2008年7月末，民航局正式印发了《目视间隔和进近实施指导材料》。该指导材料首先说明了目视间隔和进近的含义，指出目视间隔和进近是国际上广为应用的成熟技术，是对现有间隔服务和进近方式的有效补充，是进一步提升繁忙机场和空域容量的重要手段。

该指导材料指出了实施目视间隔和进近的目的。指出实施目视间隔和进近是通过间隔委托方式将管制员单方指挥转变为双方共同决策，局部和整体责任的明确划分有利于充分发挥航空器驾驶员主观能动性，提高管制员交通流规划的全局调控能力，从而达到缩小管制间隔、加速飞行流量、丰富指挥手段、降低管制负荷、增加运行容量和提高机场适航性的目的。

该指导材料表明了目视间隔和进近的技术先进性。目视间隔和进近以航空器驾驶员自主飞行为主、管制员监控为辅，有效避免了因设备精度、管制技能、通话干扰和仪表间隔造成的调配时机延误和飞行间隔浪费。同时，航空器驾驶员自行保持安全目视间隔，有助于管制员将更多精力投入到其他航空器仪表间隔的准确调配上，进而节省运行间隔，加速飞行流量；目视间隔能够缩小终端区内航空器间的飞行间隔，从而有效增加使用空域的整体运行容量。同时，目视间隔还可以缩小同一跑道起飞或者进近航空器之间的纵向间隔，显著提升机场和跑道的使用效率；目视间隔和进近对间隔责任的重新划分，赋予了航空器驾驶员空中观察和保持间隔的责任，提高了飞行主动性，实现了航空器驾驶员由被动服从到共同参与的重大转变。局部和整体的先进配合理念、飞行和管制的高效分工协作有助于提高整体运行效率，保证空中交通顺畅；目视间隔以航空器驾驶员自行掌握为主，管制员调配干预为辅，有助于缓解局部管制压力和雷达监控强度。同时，平行跑道实施目视进近的侧向间隔标准基本等同于独立仪表进近，且无须开设五边监控席位，极大地节省了人力和财力投入，有效提高了管制运行效率；目视进近能够灵活选取三边最佳飞行路径，有效避免因仪表间隔丧失造成的复飞和中断进近情况，有助于提高航班运行效益。同时，目视进近还可以作为某些地形条件复杂或导航设施缺乏机场的辅助运行手段，提高机场运行的适航性和正常性。

该指导材料说明了目视飞行程序的实施要求。管制员应当积极协同航空器驾驶员尝试目视间隔和进近方式，用以缩短空中飞行时间，节省管制运行间隔，提高机场运行效率和减轻管制调配难度。管制员还应当及时了解天气情况，一旦机场天气标准不能满足目视进近气象条件或者出现多架航空器无法实施目视进近的情况，应当及时中止目视进近运行；航空器驾驶员实施目视进近必须在任何情况下都保持对着陆机场或者前机的持续能见。目视进近的实施必须得到相关空中交通管制部门的批准并接受管制指挥；实施目视进近的航空器驾驶员，应当熟悉机场及机场周边的地形地貌并确保持续能见地面。接受目视进近许可的航空器驾驶员应当对航空器与地面障碍物之间的安全负责；航空器驾驶员实施目视进近时，着陆机场云底高应当大于或等于300 m，能见度应当大于或等于5 km。如果目的地机场没有天气情报服务，航空器驾驶员报告能够保持目视下降并飞向着陆机场时，管制员可以许可航空器驾驶员实施目视进近;当着陆机场云高大于最低雷达引导高度 150 m 以上,而且机场能见度大于 5 km 时,管制员可以通过雷达引导航空器进行目视进近。如果雷达引导天气标准不够,但着陆机场云高大于等于 300 m,能见度大于等于 5 km,仍然可以实施目视进近;地形条件复杂或导航设施缺乏机场实施目视进近时,管制员在证实航空器驾驶员目视机场(或前机)的同时,应当确认航空器驾驶员能否持续目视地面,只有得到驾驶员的肯定答复后,管制员方可发布目视进近许可;目视进近许可发布以前,管制员不得引导航空器下降到最低雷达引导高度或者程序高度以下。接受目视进近许可之后,航空器驾驶员应当保持与地面障碍物之间的安全间隔飞向着陆机场或者跟随前机实施进近。必要时,管制员应当向航空器驾驶员通报相关信息或发布建议性指令。

4.1.2　目视飞行的要求

1. 燃油的要求

飞机驾驶员在目视飞行规则条件下开始飞行前,必须考虑风和预报的气象条件,在飞机上装载足够的燃油,这些燃油能够保证飞机飞到第一个预定着陆点着陆,并且此后按正常的巡航速度还能至少飞行 30 min(昼间)或 45 min(夜间)。

旋翼机驾驶员在目视飞行规则条件开始飞行前,必须考虑风和预报的气象条件在旋翼机装载足够的燃油,这些燃油能够保证旋翼机飞到第一个预定着陆点着陆,并且此后按正常巡航速度还能至少飞行 20 min。

2. 目视飞行规则飞行计划的要求

航空器驾驶员提交的按目视飞行规则飞行计划必须包括以下内容:

(1) 该航空器国籍登记号和无线电呼号(如需要)。

(2) 该航空器的型号,或者如编队飞行,每架航空器的型号及编队的航空器数量。

(3) 机长的姓名和地址,或者如编队飞行,编队指挥员的姓名和地址。

(4) 起飞地点和预计起飞时间。

(5) 计划的航线、巡航高度(或飞行高度层)以及在该高度的航空器真空速。

(6) 第一个预定着陆地点和预计飞抵该点上空的时间。

(7) 装载的燃油量(以时间计)。

(8) 机组和搭载航空器的人数。

(9) 局方和空中交通管制要求的其他任何资料。

当批准的飞行计划生效后,航空器机长拟取消该飞行时,必须向空中交通管制机构报告。

3. 基本目视飞行规则的最低天气标准

只有气象条件不低于下列标准时,航空器驾驶员方可按目视飞行规则飞行:

(1) 除特殊规定外,在修正海平面气压高度 3 km(含)以上,能见度不小于 8 km;修正海平面气压高度 3 km 以下,能见度不小于 5 km;距云的水平距离不小于 1 500 m,垂直距离不小于 300 m。

(2) 除运输机场空域外,在修正海平面气压高度 900 m(含)以下或离地高度 300 m(含)

以下(以高者为准),如果在云体之外,能目视地面,允许航空器驾驶员在飞行能见度不小于1 600 m的条件下按目视飞行规则飞行。但必须符合下列条件之一:航空器速度较小,在该能见度条件下,有足够的时间观察和避开其他航空器和障碍物,以避免相撞;在空中活动稀少,发生相撞可能性很小的区域。

(3) 在符合相关的条件下,允许旋翼机在飞行能见度小于1 600 m的条件下按目视飞行规则飞行。

4.1.3 目视气象条件

只有在昼间,飞行高度在6 000 m以下、巡航表速在250 km/h以下的飞机,云下飞行低云量不超过3/8,并且符合规定的目视气象条件时,方可按照目视飞行的最低安全高度和安全间隔的规定飞行。当天气低于规定的目视气象条件时,应当立即向空中交通管制员报告。能作仪表飞行的航空器和机长,应当按照仪表飞行规定飞行;只能作目视飞行的航空器或者机长,应当返航或者就近机场着陆。各种不同速度的航空器,目视气象条件规定如下:

(1) 巡航表速250 km/h以下的航空器,飞行能见度不小于5 km(直升机不小于3 km)。飞机距云的水平距离不小于500 m,距云的垂直距离不小于150 m;低空目视飞行时,飞机距云的垂直距离不小于50 m。

(2) 巡航表速250 km/h以上的航空器,只准在起落航线或者经空中交通管制部门许可的范围内,按目视飞行的规定飞行。其目视气象条件为:飞行能见度不小于5 km,航空器距云的水平距离不小于1 000 m,距云底的垂直距离不小于150 m。

按目视飞行规则运行航空器的人员,应当使用经局方批准的气象服务系统提供的天气报告或者预报。但是,当不能得到这些报告时,机长可以基于自己的观察,或者基于其他有相应能力的人员所作的观察而得到气象信息。按照IFR运行的飞机,在所有目视盘旋进近中要求避开云。如果在实施目视盘旋进近中失去机场目视参考,除非ATC指定了备用复飞程序,否则必须按照相应仪表进近特定的复飞程序执行复飞。

4.1.4 目视间隔

1. 目视间隔的意义

目视间隔是为航路、终端和塔台管制空域内飞行高度6 000 m(含)以下运行的航空器配备的一种飞行间隔。目视间隔是一种不受天气状况影响,可以在仪表天气条件下,以管制员和飞行员实际目视情况为依据的间隔进行飞行的方法。目视间隔可以通过管制员目视航空器或者航空器驾驶员目视其他航空器的方式保持航空器间的安全飞行间隔。目视间隔与监视间隔、程序间隔以及平行跑道同时仪表运行间隔规则共同构成飞行间隔服务的完整序列。监视间隔、程序间隔需要的空域间隔较大,而目视间隔需要的空域间隔较小,可以在一定的空域内放置更多的飞机。为了提高繁忙机场的流量,能够更多地利用好有限空域,才实施目视间隔。

目视间隔以航空器驾驶员自行掌握为主,管制员调配干预为辅,有助于缓解局部管制压力和雷达监控强度。同时,平行跑道实施目视进近的侧向间隔标准基本等同于独立仪表进近,且无须开设五边监控席位,极大地节省了人力和财力投入,有效提高了管制运行效率。此外,实施目视间隔的过程中,驾驶员可以清楚地看到交通情况,提高空地间对飞行环境的共同意识,协助雷达管制员保持安全间隔。飞行员自行保持安全目视间隔,有助于管制员将更多精力投入到其他航空器仪表间隔的准确调配上,降低管制员工作负荷,提高飞行运行的安全性。

目视间隔配合目视进近,能够充分有效地利用空域资源,提高机场流量。"雷达引导机场＋目视间隔＋目视进近"是目前国际上繁忙机场最有效的调配方式。

2. 目视间隔的实施

目视间隔配备应当考虑两种情况:第一种是管制员能够目视两架飞机。塔台管制员看到相关航空器并为其配备目视间隔,以避免航空器发生飞行冲突。第二种是飞行员能够目视前机。航空器驾驶员看到其他相关航空器并得到管制员保持目视间隔的指令后,通过必要的机动飞行来保持安全间隔,以避免飞行冲突。该情况下的目视间隔可以通过目视跟进或者保持与相关航空器持续能见的方式来建立。

实施目视间隔时,航空器驾驶员应当操纵航空器避开飞行冲突和尾流影响,并保持目视间隔直到飞行高度或者飞行航迹分离或错开。航空器驾驶员对航空器之间的尾流间隔负责;航空器驾驶员失去目视参考,无法保持对相关航空器持续能见或者其他原因无法承担间隔责任时,应当及时通报管制员;实施目视间隔时,航空器驾驶员应当在上升、下降或转弯过程中均匀操纵飞行坡度,确保持续目视能见相关航空器;起飞航空器在进入跑道或者落地区域之前,驾驶员应当扫视观察五边飞行动态。必要时,可以自行调整观察位置和角度,确保视野清晰;航空器应当尽量以平飞姿态加入起落航线,注意避免下降过程加入起落航线时可能造成的飞行冲突;航空器驾驶员在直线平飞阶段应当通过规律、连续的目光扫视观察周边空中交通活动,同时注意导航台附近航路、航线交叉所造成的汇聚飞行冲突。

在使用目视间隔之前和之后,能保证其他许可间隔存在的前提下,航空器可以使用规定的方法用目视方式来间隔开。为了保证其他间隔的存在,考虑到航空器的性能、尾流、接近率、飞行航路以及已知的天气条件,报告的天气条件必须允许航空器保持能见直到其他间隔存在。当离场航线以及航空器性能不能保持间隔,则不要在相继离场的航空器之间使用目视间隔。塔台管制员不得为存在尾流影响的航空器之间配备目视间隔。当管制员询问或者飞行员报告看到相关航空器,管制员指挥其保持目视间隔并得到飞行员认可时方可配备目视间隔。在此情况下的目视间隔是通过飞行员目视跟进或者保持与相关航空器持续能见的方式来建立的。在使用目视间隔期间,飞行员必须要保证与其他航空器间的安全间隔。当起飞路径或者航空器性能无法满足保持目视间隔的要求时,管制员不得为连续起飞的航空器之间配备目视间隔。管制员为两架航空器之间配备目视间隔时,应当至少与配备目视间隔的其中一架航空器保持通信联系。

3. 目视间隔的建立

当航空器驾驶员看到另外一架相关航空器,并接受管制员指示与其保持目视间隔时,管制员应当先向航空器驾驶员通报另外一架相关航空器的位置、飞行方向、机型、尾流等级和意图,证实航空器驾驶员已经看到另外一架相关航空器。当航空器驾驶员报告看到另外一架相关航空器并表示能够保持目视间隔,或者管制员向驾驶员证实能否保持目视间隔并得到驾驶员的肯定答复时,可以指示航空器驾驶员与另外一架相关航空器保持目视间隔。当配备目视间隔的航空器雷达标牌出现汇聚趋势时,管制员应当向航空器驾驶员通报相关交通信息。如有必要,管制员应当向另外一架相关航空器通报交通信息,并告知正在使用目视间隔。

航空器驾驶员能见另外一架相关航空器并接受目视间隔时,航空器驾驶员应当始终保持目视其他相关航空器,保持安全的目视间隔,并事先向管制员通报为飞行安全所采取的机动操作。航空器驾驶员应当操纵航空器避开前机尾流影响。不能看到另外一架相关航空器或者不愿使用目视间隔时,应当及时通报管制员,以便重新配备其他允许的间隔。

同时有目视飞行和仪表飞行时,目视飞行的航空器之间的间隔按照目视飞行规则执行;目视飞行和仪表飞行的航空器之间的间隔按照仪表飞行规则执行。按照目视飞行规则飞行时,飞行人员必须加强空中观察,并对保持航空器之间的间隔和航空器距地面障碍物的安全高度是否正确负责。

4. 辅助建立目视间隔的先进技术

CAVS(CDTI assisted visual separation)是一种基于 ADS-B IN 监视信息的飞行运行应用。ADS-B IN 功能是指航空器接收周围其他航空器发送的 ADS-B OUT 广播信息并在交通信息驾驶舱显示(cockpit display of traffic information,CDTI)上呈现(例如相对水平和垂直位置的图形显示、场面指示和告警、空中冲突检测、沿航迹引导和消除冲突引导)。CDTI 能够将周围的交通信息运行状态直观地展示给飞行员,同时还允许飞机接收地面站提供的服务(如天气预报),这能够大大提高飞行员的空中交通情景意识。在进近阶段协助驾驶员在 ATC 要求下目视识别航空器,航空器在进近阶段与参照航空器保持安全飞行间隔。当飞机的视觉信息丢失时,实施 CAVS 运行的机组人员可使用 CDTI 提供的参照航空器飞行信息以维持与参照航空器的飞行间隔,如图 4-1 所示。基于 ADS-B IN 技术参考交通信息驾驶舱显示代替窗外的视觉联系,飞行员可以降低天气条件下对飞机进近的影响,提升了空域的利用效率,大机场流量复杂的情况也随之缓解。

图 4-1　CDTI 显示

CAVS 应用于航空器进近过程,与加装 ADS-B OUT 的前序航空器保持目视间隔以帮助飞行员进近。空中交通管制允许并指定飞机在进场期间飞行员可以使用 CAVS 来保持飞机的目视间隔,获得 CAVS 批准的 ADS-B IN 系统上会显示前序航空器精度和完好性等交通信息。在特定条件下,CAVS 信息可以替代与前序航空器之间的持续目视观察。仅在驾驶员收到 ATC 指令并与指定航空器保持目视间隔时,才能在进近阶段使用 CAVS。实施 CAVS 运行的航空器必须随时保持目视气象条件。如果失去前序航空器窗外目视联系，机组人员有权使用 CDTI，可以将 CDTI 上显示的前序航空器交通信息作为实施 CAVS 目视进近间隔保持的依据。进近阶段实施 CAVS 运行有助于提高民航安全水平、空域容量、运行效率和服务能力，这也是我国在民航领域取得长足进步的标志之一。

4.1.5　目视进近

1. 目视进近的条件

目视进近是航空器驾驶员执行仪表飞行规则计划时保持能见飞向着陆机场的一种进近方式。航空器驾驶员必须在任何情况下都保持对着陆机场或者前机持续能见。目视进近的实施必须得到相关空中交通管制部门的批准并接受管制指挥，且着陆机场的云底高必须大于或者等于 300 m，能见度必须大于或者等于 5 km。

目视进近是航空器实施进近的一种重要方式，它是通过特定方式完成着陆的一种进近方法。目视进近同精密仪表进近、非精密仪表进近和有垂直导航的仪表进近一同构成航空器进近运行的完整类型。

目视飞行属于目视飞行规则（visual flight rule，VFR）飞行，需要满足目视气象条件（Visual meteorological condition，VMC）天气标准；目视进近是在目视气象条件时仪表飞行规则下执行的一种进近方式。目视飞行和目视进近都要求能见度至少 5 000 m（VFR 在 3 km 以上能见度要求 8 000 m）。目视飞行要求距离云的水平距离为 1 500 m，距离云的垂直距离不小于 300 m。目视进近对云底高有至少 300 m 的要求，对于距离云的水平和垂直距离没有要求。目视飞行可以在云上和云下飞行，目视进近只能在云下飞行。

目视进近不需要设置复飞航段，航空器驾驶员不能完成目视进近时，应当及时转为仪表进近或者复飞，管制员应当提供必要的协助并为其配备符合规定的间隔。一般说来，目视进近有两种方式：一是按照目视进近图对指定跑道进近；二是目视起落航线（飞行机组人员操作手册（FCOM）里的标准程序）。

我国《民用航空空中交通管理规则》规定管制单位实施目视进近运行时应当具备以下条件：

（1）管制单位为塔台或者进近管制单位；

（2）气象条件符合目视气象条件和本节规定的云高、能见度；

（3）航空器在 6 000 m（含）以下进行仪表飞行规则飞行；

（4）昼间进行；

（5）本管制区已经实施雷达管制三年以上。

航空器驾驶员能够保持对地面的目视参考，并且满足以下条件之一时，管制员可以许可航空器实施目视进近：

（1）报告的云底高高于规定的航空器起始进近高度；

（2）航空器驾驶员在起始进近高度或者在仪表进近程序中的任何时间报告气象条件能够保证完成目视进近和着陆；

（3）报告的机场云底高高于最低雷达引导高度以上 150 m 或者按仪表飞行规则飞行的最低高度以上 150 m，能见度大于 5 km，气象条件能够保证航空器驾驶员完成目视进近和着陆时,可以实施雷达引导航空器进行目视进近。

民航局《目视间隔和进近实施指导材料》中规定,实施目视进近的目的地机场需具备以下条件:航空器驾驶员实施目视进近时,着陆机场云底高应当大于或等于300 m,能见度应当大于或等于5 km。如果目的地机场没有天气情报服务,航空器驾驶员报告能够保持目视下降并飞向着陆机场时,管制员可以许可航空器驾驶员实施目视进近。

目视进近能够灵活选取三边最佳飞行路径,有效避免因仪表间隔丧失造成的复飞和中断进近情况,有助于提高航班运行效益。同时,目视进近还可以作为某些地形条件复杂或导航设施缺乏机场的辅助运行手段,提高机场运行的适航性和正常性。

2. 目视进近的实施

目的地机场具备以下气象条件时,航空器可以实施目视进近:

(1)报告的云底高大于或者等于300 m,能见度大于或者等于5 km;

(2)目的地机场没有天气情报服务,但是航空器驾驶员报告能够保持目视下降以及飞向着陆机场。

当着陆机场报告的气象条件满足下列标准时,管制员可以通过引导航空器进行目视进近:

(1)机场的云底高不小于最低引导高度150 m以上;

(2)机场能见度不小于5 km。

地面能见度和云高符合目视飞行规则条件的,管制单位可以根据空中交通的情况,准许航空器进行目视进近。航空器在管制空域进行目视飞行时,空中交通管制员应当根据目视飞行规则的条件,配备垂直间隔、纵向间隔和侧向间隔。目视飞行时,航空器驾驶员应当进行严密的空中观察,并对保持航空器之间的间隔和航空器距地面障碍物的安全高度是否正确负责。一般来说,目视进近的实施需要遵循以下过程:

第一,提出目视进近请求。目视进近请求可以由航空器驾驶员或者管制员提出。当管制员提出实施目视进近时,应当得到航空器驾驶员同意后方可实施。实施目视进近的航空器驾驶员报告看到着陆跑道或者看到尾随落地的前机时,航空器驾驶员或者管制员可以提出实施目视进近,得到对方认可后方可实施。

第二,管制员要解决潜在冲突。管制员应当及时解决实施目视进近的航空器与其他所有航空器之间存在的潜在冲突,如果必要,管制员应当向航空器驾驶员通报其他相关航空器的位置及动态。

第三,管制员可以向满足以下条件之一的航空器颁发目视进近许可:航空器处于进近序列的第一个,航空器驾驶员可以目视机场;航空器不是进近序列的第一个,航空器驾驶员可以目视机场但无法目视前机;跟随前机落地的航空器驾驶员报告目视看到前机时,管制员可以指示航空器驾驶员保持目视间隔尾随前机目视进近。

第四,如果航空器驾驶员报告只看到机场而没有看到前机时,管制员应当为前后航空器之间配备雷达或者程序间隔;管制员应当向所有尾随重型航空器通报前机的机型和尾流等级;着陆机场附近存在一个或者多个容易混淆的机场时,管制员应当向航空器驾驶员通报容易混淆机场的位置以及其他需要注意的事项。

第五,飞行员应保持安全间隔实施进近。航空器驾驶员接受目视进近许可后,应当保持航空器与地面障碍物之间的安全间隔,飞向着陆机场或者跟随前机实施进近。

实施目视进近时,航空器驾驶员应当与前机和地面障碍物保持安全间隔,并对尾流间隔负责;航空器驾驶员应当按照管制员的引导指令,飞向落地机场或者飞向一个易于和前机建立目视间隔的位置。同时注意观察起落航线上其他航空器的飞行动态,随时做好变更落地顺序的准备;跟随尾流等级大于自己的前机实施目视进近时,航空器驾驶员可以向管制员询问自己与前机的飞行间隔、地速差值和风向风速等信息,避免可能出现的尾流影响;航空器驾驶员借助盲降系统实施目视进近时,可以使用仪表复飞程序。实施仪表复飞时,航空器驾驶员应当及时通报管制员,并听从管制指挥。

当管制员雷达引导航空器进近时,只有航空器驾驶员报告已经目视机场,管制员可以许可其实施目视进近,并可终止雷达引导。在符合实施目视进近的情况下,目视进近可以由航空器驾驶员提出或者由管制员提出并经航空器驾驶员同意。如果管制员认为航空器驾驶员对机场周围地形不熟悉、预计周边气象条件不适合或者受到空中交通活动的限制时,管制员可以不同意实施目视进近。当航空器跟随进近,且后随航空器实施目视进近时,管制员应当保持航空器的间隔直至驾驶员报告已看到前方航空器为止,然后要求后方航空器跟随并自行保持与前方航空器的间隔。后方航空器驾驶员负责保证与前方航空器之间有足够的间距,不受尾流的影响,如果认为需要增加间距,应当向管制员表明需求。当航空器驾驶员提出无法保持间隔时,管制员应当协助航空器驾驶员重新建立航空器间符合规定的间隔。将目视进近航空器通信移交给塔台管制单位时,应当保证能够及时发布着陆许可或者其他管制指令及通报重要交通情报的要求。

目视进近和目视间隔是有区别的。首先,目视进近是一种进近方式,而目视间隔是管制员为飞机排序的一种工具或方式;其次,目视进近仅应用于进近阶段,而目视间隔在终端区、塔台和航路均可以应用,只是在航路应用时有高度限制,美国是 18 000 ft 以下,中国是 6 000 m 以下。实施目视间隔对气象条件没有硬性规定,只需要能持续目视前机并保持间隔就行,但是需要考虑飞机的性能、尾流、接近率、航路等因素,以确保配备了足够的间隔。国内规章还规定,当塔台管制员持续目视能见两个相关航空器时,可以为其配备目视间隔,并且由塔台管制员对所配备的目视间隔负责,但塔台管制员不得为存在尾流间隔影响的飞机之间配备目视间隔。

3. 平行跑道目视进近

平行跑道上可以实施目视进近时,空中交通管制单位应当尽早通知航空器驾驶员。如果可能,最好通过自动航站情报通播(automatic terminal information,ATIS)方式告知航空器驾驶员。

平行跑道上实施同时进近时,空中交通管制单位可以指挥航空器在一条跑道上实施目视进近,在其他跑道上实施仪表或者目视进近。实施目视进近的航空器应当与相同或者相邻跑道上起飞或者着陆的航空器保持规定的雷达、程序或者目视间隔,或者满足平行跑道运行的其他相关要求。

在平行跑道上实施目视进近时,两架航空器的一次雷达回波不能重叠,除非已经建立目视间隔。当进近航空器与相邻跑道上进近的航空器出现航迹交叉时,管制员应当为航空器之间配备规定的间隔,除非已经建立目视间隔。

当航空器在跑道间距小于 760 m 的平行跑道上实施目视进近时,应遵循下列程序:

(1) 为相邻跑道进近的航空器之间配备符合规定的水平、垂直间隔,除非航空器驾驶员报告目视看到相邻跑道进行目视或者仪表进近的航空器并保持目视间隔。

（2）当后机为重型航空器或者后机的尾流等级大于相邻跑道上的前机时，管制员应当要求后机驾驶员保持目视间隔，并不得超越相邻跑道上的前机，避免尾流影响。

当航空器在跑道间距大于或者等于 760 m 且小于 1 310 m 的平行跑道上实施目视进近时，应遵循下列程序：

（1）为相邻跑道进近的航空器之间配备符合规定的水平、垂直或者目视间隔，直到两架航空器均以不大于 30°切入跑道延长线，并且都获得并接受了管制员颁发的目视进近许可。

（2）当目视进近航空器与相邻跑道上实施进近的航空器航迹保持不交叉时，管制员无须为其配备任何间隔。

当航空器在跑道间距大于或者等于 1 310 m 的平行跑道上实施目视进近时，应遵循下列程序：

（1）为相邻跑道进近的航空器之间配备符合规定的水平、垂直或者目视间隔，直到其中一架航空器获得并接受了管制员颁发的目视进近许可。

（2）当目视进近航空器与相邻跑道上进近的航空器航迹保持不交叉时，管制员无须为它们配备任何间隔。

空中交通管制单位可以发布基于航图的目视进近程序，供飞行员沿特殊的路径和高度进行目视进近，以达到避开噪声敏感区域、避开地面障碍物对仪表进近的限制、避开跑道延长线上的禁区或者其他限制区等目的。实施基于航图的目视进近的航空器与其他航空器之间没有建立目视间隔时，管制员应当为其配备规定的间隔。

4. 目视航图

国外民航发达国家很早就开始对目视飞行这一领域进行研究，目前建有相对完善的目视飞行程序规范的有美国和澳大利亚。在这些国家早期的目视航图上，除了包括地形线、比例尺、机场信息、空域等基本信息之外，还包括障碍物、道路、铁轨、电力线、溪流与河流等显著目视地标以便于飞行员识别，有时还带有一些叙述性的文字以帮助飞行员，如图 4-2～图 4-4 所示。

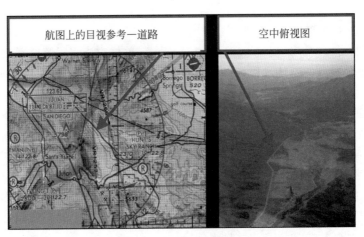

图 4-2　美国目视航图（1）

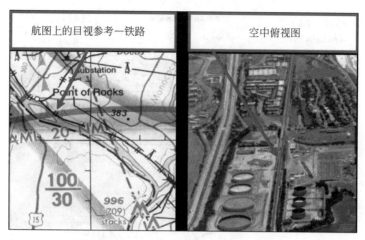

图 4-3　美国目视航图（2）

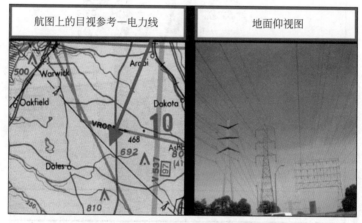

图 4-4　美国目视航图（3）

　　如图 4-5 所示为西雅图机场的杰普逊目视进近航图。该航图除机场名、索引号、通信信息、主用频率、进近程序识别代码、生效日期和修订日期等基本信息外，还包含目视进近的障碍物信息、可作为目视参考的地标位置、平面图上的目视进近航迹等信息。航图底部还给出了在该机场实施目视进近的要求和飞行方法的详细说明。在目视进近航图中，不包含仪表进近的最后进近定位点和复飞程序等信息。

　　目前国内绝大多数机场没有 VFR 航图，所以不能从雷达引导直接转入目视飞行规则飞行，必须在机场上空目视机场之后才可转入目视飞行。目视进近时，航空器驾驶员必须在任何情况下都保持对着陆机场或者前机持续能见。目视进近的实施必须得到相关空中交通管制部门的批准并接受管制指挥，且着陆机场的云底高必须大于或者等于 300 m，能见度必须大于或者等于 5 km。

　　图 4-6 所示为湖北恩施机场的仪表进近图，图中的"VDP"是目视决断点，之后的航空器飞行属于目视进近。对于非 ILS 进近，目视决断点定义为五边进近上的一个位置，当建立了合适的目视参照时，可以从该位置开始从最低下降高度（高）到跑道接地点的正常下降。如果飞机到达了 VDP，因为不需要调整飞行轨迹或少量调整便可继续正常接地，所以更容

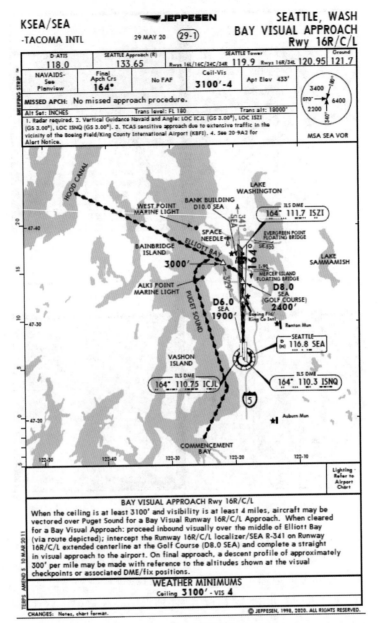

图 4-5　西雅图机场目视进近航图

易获得稳定的目视航段。

在该航图底部的剖面图上也标注出了 VDP 的位置以方便飞行员识别。在一些非 ILS 进近图中，以"V"字符号代表 VDP。在"V"字符号下面显示了到跑道的距离。如果未提供 VDP，机组通过判断最低下降高度（高）高于机场的高度，以及距跑道的距离和使用的下降率来确定开始目视下降的点。

5. 区域导航目视进近

区域导航目视飞行程序（RNAV visual flight procedure，RVFP）是利用区域导航系统

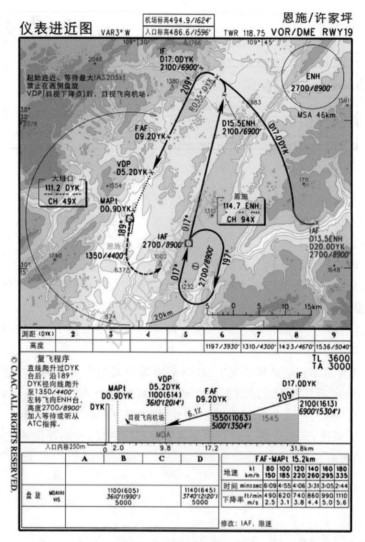

图 4-6 国内机场进近图

技术实现对指定跑道稳定目视进近的程序,用于配备了经认定的区域导航系统、实施仪表飞行规则的航空器。目前只在美国有小范围的应用,通常只有在跑道没有仪表飞行程序时才会考虑使用 RVFP。

向不提供垂直引导进近程序的跑道实施目视进近的过程中,有时机组采用的下降率过大,会导致不稳定进近。然而,对于提供垂直引导进近程序的机场,若其目视进近程序中有高度限制,也可能影响机组的稳定进近。而涉及这类事件的很多航空器都装有区域导航系统,能够提供侧向、垂直以及空速的引导或参考。区域导航目视飞行程序可以充分利用区域导航系统的性能,提高飞行路径的可重复性,减少空中交通通信,加强安全。

区域导航目视飞行程序的命名规则基于程序类型和服务跑道,如"RNAV VISUAL RWY29"。虽然对于不同的航空电子设备系统,区域导航目视飞行程序的程序名称可能会不同,但是对于同一跑道端其程序名称不能与其他 RNAV 程序冲突。如图 4-7 所示为肯尼迪机场的 RVFP 航图标题栏的信息。

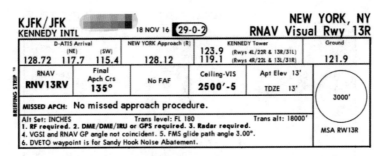

图 4-7　肯尼迪机场 RVFP 航图标题

RVFP 相当于目视进近和区域导航的结合,一方面通过存储在机载导航数据库中的进近程序为机组提供水平和垂直引导;另一方面通过机组对着陆机场或前机持续可见完成进近和着陆。区域导航目视飞行程序应与已存在的目视进近飞行航径一致。程序必须包括所有正常的操作和(或)要求的高度、速度限制。提供实施 RVFP 的跑道应装备目视或电子垂直引导系统,如目视进近下滑道指示器(VASI)或仪表着陆系统(ILS)。区域导航目视飞行程序最后航段提供的垂直航径必须和目视或电子系统提供的引导相一致,或高于目视或电子系统提供的垂直航径。在目视进近中,只有机组提出请求时 ATC 才使用 RVFP。ATC可能在任何时候终止 RVFP。

执行 RVFP 所需的云底高和能见度要求,必须等于或高于当地的目视进近运行标准和当地 ATC 机构确定的目视进近运行标准。执行区域导航目视飞行程序,运行的飞机必须使用具备 DME/DME/IR 或全球卫星导航系统(global navigation satelite system,GNSS)传感器的 RVAV 系统,运营人必须向空中交通管理部门证实,利用预定的设备,为保持预计飞行航径所做的所有机动飞行都是可行的。

4.1.6　目视盘旋

1. 目视盘旋的条件和方式

目视盘旋进近是仪表进近的延续,飞机在仪表进近程序中不能直线进近着陆时,着陆前在机场上空进行目视对准跑道的机动飞行。这种机动飞行只能在取得 ATC 批准,以及驾驶员已经建立至机场所必需的目视参考之后进行。目视盘旋在法规上简单归纳有两点:一是直线进近梯度过大(大于 6.5%);二是最后航迹和五边夹角过大(A、B 类飞机大于 30°;C、D 类飞机大于 15°)。这时候就需要设计目视盘旋程序。从程序设计的角度来说,只要飞机处于盘旋最低下降高度以上,在保护区以内飞行,飞机无发生危险的可能,这两点在盘旋进近中很重要。

目视盘旋可能是因为夹角和梯度的问题,所以可以在反向的跑道、交叉的跑道,甚至是本条进近的跑道上落地,所以说目视盘旋不是必然的反向落地。盘旋进近的方式有多种,常见的几种方式如图 4-8 所示。

2. 目视盘旋的实施

在实施目视盘旋的时候,计划的盘旋速度应在所选择的最低标准要求之内。飞机可以

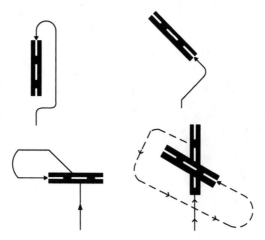

图 4-8 盘旋进近的几种方式

使用相邻或相对跑道的导航设施引导进入目视盘旋区域并且下降到最低下降高度（高），然后通过目视机动完成对正跑道并着陆的后续动作。目视盘旋只是整个进近过程中的一小部分，其余大部分进近仍然依靠仪表进近程序，因此目视盘旋的最低着陆标准通常会标注在仪表进近图上，如图 4-9 所示。

		-2.0 0 1.3		7.1	12.8	20.2km						
		A	B	C	D	FAF-MAPt(GP INOP) 11.5km						
ILS/DME	DA(H)	576(60)	581(65)	586(70)	地速	kt	80	100	120	140	160	180
	RVR/VIS	1890'(200')	1910'(220')	1930'(230')		km/h	150	185	220	260	295	335
		550/800	550/800	550/800	时间	min:sec	4:39	3:44	3:06	2:40	2:20	2:04
GP INOP	MDA(H)	635(120)			下降率	ft/min	420	530	640	740	850	960
	RVR/VIS	2090'(400')				m/s	2.2	2.7	3.2	3.8	4.3	4.9
		1400/1400										
盘旋	MDA(H)	740(221)	840(321)	840(321)	840(321)	修改: RVR						
	VIS	2430'(730')	2760'(1060')	2760'(1060')	2760'(1060')							
		2500	3000	4400	5000							
ZUMY-5B		中国民用航空局CAAC			EFF2021-6-17 2021-5-15							

图 4-9 航图底部的目视盘旋最低标准

飞机在着陆前进行目视机动飞行的超障区，其大小取决于飞机的分类。不同类型飞机的区域限制，是以每条可用跑道的入口中心为圆心，用相对应区域的半径（R）画出的圆弧及其公切线所围成的区域，如图 4-10 所示。各类飞机的盘旋区半径 R 取决于飞行时的速度、坡度、风等因素。

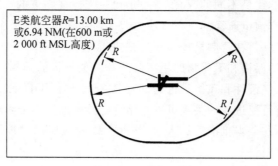

图 4-10 目视盘旋区

盘旋着陆过程中失去目视参考,则必须遵循为特定的程序规定的复飞,要求驾驶员进行起始爬升,转向着陆跑道和飞越机场上空,使航空器在复飞航迹上上升。盘旋机动飞行可以在几个方向实施,因此要求操纵航空器至规定的复飞航迹需要有不同的路线,这取决于失去目视参考时航空器的位置。

在目视地标清晰、明确的地方,当运行上可行时,除目视盘旋区外,还可规定一条特定的目视机动航迹。通过定义一个改航点,在实施仪表飞行过程中,如果达到了目视气象的要求,可在该改航点开始实施目视进近。改航点应设在一个清晰可辨的目视地标位置,并且改航航段与规定航迹所用跑道之间的夹角不超过 45°。改航航段自最后仪表进近航段至规定航迹的三边,如图 4-11 所示。

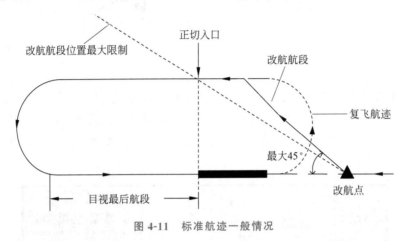

图 4-11　标准航迹一般情况

确定改航点的目视地标可用无线电定位点加以补充。如果没有相应的目视地标,则不可以单独使用无线电定位点。有了改航点的径向方位信息并且有参考地标的辅助,能给实际的目视飞行带来很大的方便。

如图 4-12 所示为美国某机场实施目视进近时切入起落航线三边的飞行示意图。目视加入起落航线时,应判明着陆方向,观察无妨碍自己加入起落航线的飞机后请求加入起落航线。保持好规定高度,加强观察,调好与前机的距离,顺沿航线切线加入预定的转弯点或飞向机场上空,不得横向截入。加入航线后要恢复好视线,使视力习惯低空环境。着陆时要注意判断高度。

目视盘旋和起落航线是不同的,起落航线是目视飞行规则下的飞行,它本质上是机场的一种交通流程或一种有预定航径的飞行方法。起落航线还有另外一个作用:由于通常情况下目视进近没有复飞程序,在管制机场如果目视进近复飞时可以指挥其加入起落航线。目视起落航线飞行员必须保持和障碍物的距离以及和其他飞机的间隔。目视盘旋是仪表进近的延续部分,需要的天气条件和飞机进近速度有关,一般远低于目视飞行规则要求的气象条件。此外,起落航线与目视进近的关系可以总结为:目视进近不是起落航线飞行,不用加入起落航线,但可以申请并获得批准后加入起落航线,或者在复飞时被指令加入起落航线,并按该程序的规则飞行和指挥。

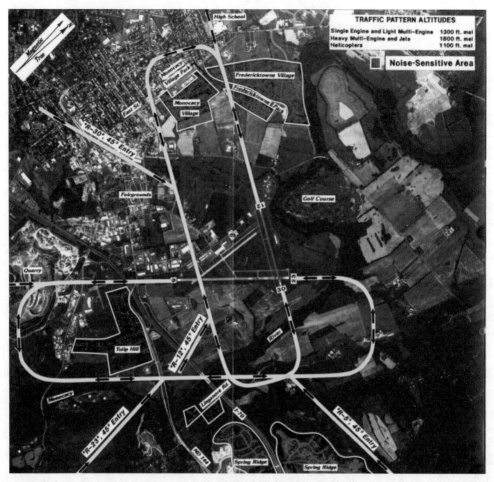

图 4-12　美国某机场目视进近示意图

4.1.7　起落航线

起落航线飞行是学习飞行的基础科目,可以帮助飞行学员锻炼和熟悉对飞行的基本操作。它集中了飞行的各种基本动作,如起飞、上升、转弯、平飞、下滑、着陆等。飞机沿固定的航线飞行,有利于形成相对固定的进近条件,这是随后安全、准确着陆的前提。起落航线有矩形、标准、小航线三种,以起飞方向为准,起飞后向左转弯的航线称为左航线,反之为右航线。矩形起落航线包括 5 条边和 4 个转弯,标准的起落航线为左起落,如图 4-13 所示。如无特殊限制,起落航线高度通常在机场标高以上 1 000 ft。

起落航线的一边从离场开始,与起飞跑道的方向一致。飞机起飞之后,一边应保持持续直线爬升,并保持飞机处于跑道中心延长线上。一转弯过程中,应适当地循环检查天地线、姿态仪、空速表,保持好飞机状态。转弯后段应根据目标和天地线提前柔和一致改出转弯,对正二边航向。如果要离开起落航线,则继续直线离场或在飞过跑道离场端且到达起落航线要求的高度后,转弯离开起落航线。

一转弯后飞机进入二边,由于飞行航迹与跑道垂直并且通常是逆风起飞,所以二边是侧

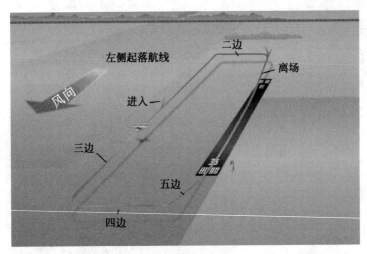

图 4-13　起落航线

风边。在整个一边和二边(有时也包括部分三边),飞机将持续爬升直至到达起落航线高度,这取决于飞机性能、跑道长度等因素。

二转弯进入三边后飞机就会与跑道平行,并沿着与着陆航向相反的方向飞行。由于飞机在此边上顺风飞行,所以三边也叫作下风边。通常来说,三边是平直飞行,需要保持好高度和速度。航线的宽窄、风的影响,都会影响到三、四转弯的位置和转弯的轨迹,所以说做目视着陆要从三边开始。正切着陆区时,放襟翼10°,控制好高度和速度,配平好飞机,在合适的位置适当收油门进入三转弯。要确保三边足够长,因为在五边上,需要足够的时间来调整空速、飞机状态和修正航迹或高度的偏差。若有飞机想加入起落航线在机场实施进近,应与三边成45°进入起落航线。进入起落航线前需要调整速度和高度以满足要求,并确保完成加入三边之前与其他飞机无冲突。

四边是着陆的过渡部分,进入四边,襟翼应放至20°。四边应调整俯仰和功率,保持合适的下降率和下降角。四转弯前应目视检查,确保在改出四转弯时飞机能够对准跑道中线,并且不会和其他飞机发生潜在的冲突。四转弯时应观察天地线来保持好正确的下降状态,同时循环检查仪表来保证各飞行参数的正确。四转弯过程中视线应看跑道,同时注意飞机状态的变化,根据跑道中心延长线与飞机纵轴夹角的变化趋势判断和修正飞机进入四转弯的早晚,注意力循环检查跑道及其他飞行参数。四转弯的后段注意观察整个跑道,根据转弯角速度的大小判断改出四转弯的时机,注意力循环检查跑道和其他飞行参数,柔和切入五边。

改出四转弯后对正跑道检查,飞机不带坡度,放襟翼到着陆位,完成着陆构型。同时向前稳杆对正下滑点,注意力循环检查跑道下滑点、速度、下滑方向,发现进近偏差应及时修正,根据速度控制油门,保持正常的下滑角和下滑速度,使飞机沿正常下滑道下滑。创造好入口条件,保持好飞机的状态,判断拉开始的高度和调油门的时机。五边是一个下降的飞行轨迹,从四转弯开始并延伸至接地点,这将是整个起落航线中最重要的航段。在飞行过程中,驾驶员应该具备良好的判断能力并保持对飞机良好的控制力,建立起稳定的五边下滑,直至接地。

起落航线过程中,如果机头与天地线的位置关系保持不好,或注意力分配不当,都可能导致一边爬升姿态保持不好;如果未检查上升目标和航向,或未修正侧风的影响,会影响一边的上升方向；如果二转弯时机过早或过晚，或飞机带坡度、侧滑、未检查目标和航向，可能导致三边航线过窄或过宽。

4.2　仪表飞行程序

仪表飞行是完全或者部分地按照航行驾驶仪表操纵飞机，判定航空器飞行状态及其位置的飞行。仪表飞行技术是复杂气象、夜间和海上飞行技术的基础。仪表飞行的航空器必须具有姿态指示、高度指示、位置判断和时钟等设备。其机长必须具有仪表飞行等级的有效驾驶执照。在仪表气象条件（低于目视气象条件）下飞行，云层、云上目视气象条件下飞行，夜间飞行，高度 6 000 m 以上，都必须按照仪表飞行的规定飞行。

仪表飞行时，飞行员需遵照公布的仪表飞行航图来使飞机按预定的航线飞行。航图是以表现机场、导航台、航路点、航线以及各种助航设施等航行要素的空间分布为主要内容的图，是仪表飞行条件下飞机运行必不可少的资料和工具。常见的仪表飞行航图有标准仪表进离场图、仪表进近图、航路图等。

传统的仪表飞行程序是基于地面导航台提供的导航信号，实施台对台飞行的方式，如图 4-14 所示。

现代仪表飞行程序主要指基于性能的导航（performance based navigation，PBN）飞行程序。PBN 是指以沿空中交通服务航路运行、实施仪表进近程序或在指定空域运行的航空器性能要求为基础的区域导航。PBN 的引入体现了航行方式从基于传感器导航到基于性能导航的转变。PBN 飞行程序可以利用两类基本的导航规范：区域导航（RNAV）和所需导航性能（RNP）。RNAV 和 RNP 系统基本是相似的，主要区别在于机载性能监视和告警要求。包含机载导航性能监视和告警要求的被称为 RNP 规范，无这类要求的则为 RNAV规范。传统的航路是基于地面导航设施位置、逐个连接各导航点而成的，确保航空器能依靠导航台的无线电信号向导航点飞行。而 PBN 导航技术不依赖于地基导航设备，可以使航空器在任意两点之间精确飞行，如图 4-15 所示。在 PBN 技术背景下，航空器的定位和引导将综合发挥机载设备和星基、陆基设备的导航能力，使航空器可以沿任意期望的航迹运行。这就减少了燃油消耗、机场和空域的拥挤以及航空器的温室气体排放。基于性能的导航方式有助于进一步改善全球航空运输系统的安全、效率和可持续性。

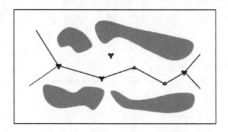
图 4-14　传统仪表飞行方式

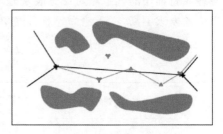
图 4-15　PBN 飞行方式

PBN 飞行程序有很多优点：能精确地引导航空器，提高飞行运行的安全性；提供垂直引导，实施连续稳定的下降程序，降低可控撞地的风险；改善全天候运行，提高航班正常性，保障地形复杂机场运行的安全;实现灵活和优化的飞行航径,增加飞机业载,减少飞行时间,节省燃油;避开噪声敏感区,减少排放,提高环保水平;通过实施平行航路和增加终端区内进、离场航线定位点,提高交通流量;减少航空器间横向和纵向间隔,增大空域容量;减少地空通信和雷达引导需求,便于指挥,减轻管制员和飞行员工作负荷;减少导航基础设施投资和运行成本,提高运行的整体经济效益。

在 PBN 概念的发展过程中人们认识到,先进的航空器 RNAV 和 RNP 系统正在达到可以预期的导航性能精度水平,加之相应的功能水平,使更有效地利用空域成为可能。还应考虑的是,RNAV 和 RNP 系统已经发展了 40 多年,大量的各种不同系统已经实施。PBN 主要用于明确导航要求,而不考虑达到这些要求所采用的方法。

4.3 各种飞行程序分析

PBN 飞行方式实现了航路点之间的飞行,程序比较灵活,定位精度高,航路点坐标和限制信息等都存储在机载导航数据库当中,正常情况下驾驶员只需按照飞行计划来飞。飞行中可根据实际需要临时更改飞行计划,调整飞行航路。PBN 飞行是现代民航运输机普遍采用的一种飞行方式。

目视飞行程序相比于传统及现代程序来说有它的特别之处,目视程序克服了传统程序对地面导航台依赖性高的缺点,同时对机载导航设备也没有特殊要求。它主要参照地面存在的明显地标来飞行。从设计的角度来讲,目视程序可以先选择最优航迹,再考虑目视决策点的确定以及目视地标的选择,它综合了传统及现代程序的优点,同时又给飞行带来了很大灵活性,提高了飞行员的情景意识,同时也降低了管制员的工作负荷。目视飞行程序也有不足之处:目视误差较大,例如偏置进近的方式就很容易让飞行员将滑行道看成跑道,这样会给飞行带来一定风险;实施目视盘旋时,随时都有可能失去对跑道的目视参考,飞行员依赖自己的判断飞行往往会存在风险。当无法看见地面的目视参考时,需要根据实际情况及飞行员的个人能力选择要采取的动作,最好的方法是立即加入仪表飞行程序。

传统的仪表飞行方式的缺点是飞行航路依赖于地面导航台的地理位置,航路往往较长,因为最理想的进离场航路受地面无线电导航台安装位置和成本的限制而无法实施。超障的保护区相比之下也较大,并且随着飞机到导航台距离的增加,导航系统提供信息的误差也随之增大。

各种飞行程序的优缺点对比见表 4-1。可以看出,目视飞行运行方法简单,综合来讲对导航设施的要求不高,不受地面导航台的限制,运行成本大大降低,是一种简便又经济的飞行程序,但是对目标机场和目标航空器有严格要求。

表 4-1　各种飞行程序对比

程序名称/ 优缺点	对地面导航台依赖	对导航设施要求	保护区	导航精度
传统程序	很高,飞行航迹受导航台的位置限制,实施不灵活	较高,对地面导航台导航精度有一定要求	较大,依赖于高度、速度等飞行参数,保护区分主副区	不高,依赖导航台到飞机的无线电信号,精度随距离增大而降低

续表

程序名称/ 优缺点	对地面导航台依赖	对导航设施要求	保护区	导航精度
现代程序 （PBN）	很低，点到点的飞行方式，航路设计灵活，飞行航迹具有可预见性	较高，陆基导航设备要具备一定精度和完好性，机载设备要满足要求	较小，综合考虑了影响飞行的各种特性，飞行航迹具有可预见性	很高，提供垂直引导，缩小飞机之间的间隔，减少地空通信和雷达引导
目视程序	较低，完全依赖地面参考地标来飞行，失去参考时，加入仪表飞行	较低，对飞行员空间方位感的要求较高，飞机需配备基本的导航设备	很大，目视飞行误差较大，同时还有各种仪表误差，保护区不分主副区	较低，依赖目视判断飞机方位，存在较大误差，精度得不到保障

第**5**章

基本飞行操纵和注意力分配

飞机的直线平飞、转弯、爬升和下降是最基本的飞行状态，它们的飞行操纵是最基本的驾驶技术，它们是所有可控飞行的基础。在飞行中，要通过驾驶杆和舵的操纵来控制飞机舵面的变化，从而控制飞机的状态。当向后带杆或向前稳杆时，飞机的俯仰姿态会发生变化；当向左或向右压盘时，飞机会向左或向右滚转；当向左或向右抵舵时，飞机的机头会向左或向右偏转。本章以塞斯纳 172 飞机为例，从原理的角度分析了基本操纵方法。

5.1 直线平飞

5.1.1 平飞的基本原理

飞机作等速等高直线水平运动称为平飞。平飞中，飞机的高度、航向保持不变。直线平飞通常需要保持预定的速度，并且不带坡度和侧滑。平飞中，飞机受到的力有四个，分别是升力(L)、重力(G)、拉力(P)和阻力(D)，如图 5-1 所示。稳定平飞时，飞机无转动，各力对飞机重心的力矩相互平衡。竖直方向上，升力与重力平衡；水平方向上，拉力与阻力平衡。这是平飞需要满足的条件。如果这个平衡关系被打破，飞机的运动轨迹就

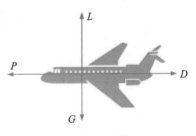

图 5-1　平飞时的受力

会向上或者向下弯曲，使得飞机的高度和速度发生变化，无法保持平飞。在竖直方向上，若飞机的升力大于重力，飞行轨迹会向上弯曲，高度会上升，在重力的作用下，速度会减小；水平方向上，若飞机的拉力大于阻力，则速度会增大，升力也会随之增大，产生同样的效果。所以，在平飞过程中对驾驶杆或油门无意识的操作，如轻微的前后移动驾驶杆或左右压盘，都会引起航向和高度上的偏差。

5.1.2 平飞的基本操纵和注意力分配

目视平飞时，应根据空速表、升降速度表、高度表的指示，通过天地线的位置关系及姿态仪的指示来保持飞机的俯仰姿态。驾驶员应该轻握驾驶杆，在杆上施加合适的力来控制飞

机,保持好预定的操纵效果。可以选取飞机上的某部分作为参考点,根据参考点和天地线的位置关系来建立和保持正确的平飞姿态(如图 5-2 所示),可以参考仪表来检查飞机的俯仰姿态是否正确,采用"内外结合"的注意力分配方法。如果高度出现偏差,应通过外部的目视参考或姿态仪的指示,适当作出调整,并通过高度表确定是否保持了预定的高度。如果速度有偏差,可结合高度的变化趋势合理使用杆和油门作出修正。此外,也可以通过观察机翼与天地线的相对位置来判断和保持平飞,在直线飞行中,两翼与天地线所保持的距离应该相等,如图 5-3 所示。在直线平飞时,除了参考天地线来保持飞机的姿态外,还应循环检查仪表来尽量保持速度、高度和航向等参数的精准性。驾驶员应该正确进行注意力分配,及时发现偏差,及时修正偏差。同时,合理使用配平来减小杆力,帮助驾驶员稳定飞行姿态。

平飞.MP4

图 5-2　平飞姿态

图 5-3　平飞时的机翼参考

　　此外,要根据风挡在天地线上的位置关系判断有无倾斜,检查姿态仪坡度的变化判断有无坡度。如有坡度,应向飞机倾斜的反方向适当压盘修正。如飞机无坡度,检查转弯侧滑仪,如"小球"不在中央,可向"小球"偏出的一侧轻轻抵舵,制止坡度的产生。根据前方目标与机头的相对运动和航向仪表来检查和保持飞行的方向。如飞机偏离预定航向,应迅速检查姿态仪指示有无坡度,检查侧滑仪有无侧滑。有坡度时,先改平坡度制止飞机偏转,然后根据飞机偏离的多少,手脚协调地适当压盘抵舵,使飞机对正预定航向,改平坡度,保持预定航向飞行。平飞中,为减轻盘、舵杆力,应及时使用配平平衡好飞机。

在飞行中参考的速度是指示空速(IAS),也称为表速。指示空速是按海平面标准大气条件下空速和动压的关系得到的,它反映的是飞机所受空气动力的情况。真空速是飞机相对于空气运动的真实速度。真空速主要用于领航计算,而指示空速用于飞行操纵。飞机在不同的高度上直线平飞,飞行重量不变的情况下,需要保持同样的升力,只要迎角相同,指示空速就相同。如果在平飞中需要改变速度,则需要配合飞机迎角(姿态)的变化来保持平飞状态。指示空速增大时,迎角小;指示空速减小时,迎角大。这对操纵飞机有重要的意义。

仪表平飞时,注意力分配应以姿态仪为中心,有重点、有目地检查其他仪表。当飞行状态发生变化或产生偏差时,注意力分配仍应以姿态仪为主,重点检查与偏差有关的仪表,把姿态仪俯仰和倾斜修正到正常位置,再检查相关的仪表。在飞机状态稳定时,适当地检查发动机仪表。如发现飞机不在平飞位置,应及时柔和地稳杆或带杆修正,当飞机接近正常位置时,稍回杆使飞机稳定在平飞状态。在修正俯仰状态时,注意保持飞机不带坡度,并注意检查升降速度表、空速表指示是否正常。如发现姿态仪指示有坡度,应立即以柔和的动作向倾斜的反方向压盘蹬舵,改平坡度。修正时注意保持俯仰状态不变,并注意检查航向有无变化。如发现姿态仪上的"小飞机"不在平飞位置上且带坡度,应在改平坡度的同时修正好俯仰状态,再循环地检查航向、升降速度表、空速表有无偏差。如升降速度表指示上升或下降,应首先检查姿态仪"小飞机"是否在平飞位置,如有偏差,应柔和地稳杆或带杆,使飞机恢复到平飞位置,并检查空速表,根据情况加减油门进行调整。如转弯过程中发生侧滑,应及时蹬舵修正。如高度发生偏差,应用改变油门和飞机姿态的方法来修正。

5.2　上升

5.2.1　上升的基本原理

飞机沿向上倾斜的轨迹所作的等速直线运动称为上升。爬升时,空速保持不变,受到的力有升力(L)、阻力(D)、拉力(P)和重力(G)。由于飞机的轨迹是向上倾斜的,所以重力出现了沿两个方向上的分力,一个垂直于轨迹方向(G_1),另一个沿轨迹方向(G_2)。拉力除了要克服阻力外,还要克服重力沿着轨迹方向的分力,同时,升力要和重力垂直于飞行轨迹的分力平衡,如图 5-4 所示。如果这个平衡关系被打破,飞机便不能做等速直线爬升。

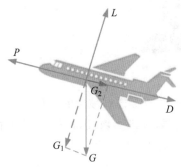

图 5-4　飞机上升时的受力

常见的爬升方式有两种:一种是最大上升率爬升,另一种是最大上升角爬升。最大上升率爬升是指飞机以最短的时间获得最大高度的速度爬升,这个速度也称为快升速度;最大上升角爬升是指飞机以在一定距离内获得最大高度的速度爬升,这个速度也称为陡升速度。快升速度是在相同的时间内爬升的高度最高,陡升速度是在相同的距离内爬升的高度最高,后者一般用于起飞后越障。

5.2.2 上升的基本操纵和注意力分配

上升. MP4

上升时,应保持好机头与天地线的关系位置并参看姿态仪的指示,循环检查升降速度表、速度表、高度表,发现和修正飞机因俯仰变化而出现的偏差。通常是以保持上升速度为准,用增大或减小上升角的方法修正速度偏差。如速度大时,首先检查天地线,如发现机头下俯、姿态仪姿态角低于正常指示,应看好机头和天地线,柔和带杆修正,待天地线位置关系或姿态指示接近正常时,适当向前稳杆保持好姿态,检查速度、航向,将速度修正到正常值,如图 5-5 所示。

上升时,由于机头高于天地线,不易看到前方目标,应通过机头两侧天地线来判断飞机的方向和有无坡度,并参看姿态仪的坡度指示、航向、转弯侧滑仪来及时修正偏差,保持好上升方向。上升时,由于发动机功率大,螺旋桨滑流作用强,方向易偏左,应抵住右舵。满油门爬升时应通过改变姿态的方式来修正速度的偏差。

图 5-5 上升姿态

5.3 下降

5.3.1 下降的基本原理

飞机沿向下倾斜的轨迹所作等速直线运动称为下降。与上升的原理类似,飞机在下降时,受到的力有升力、阻力、拉力和重力。可以运用升降舵的控制,调整机头向下的姿态,来保持预定的下降空速。同时,要使用配平操作来减小杆力,维持飞机预定的下降姿态,图 5-6 为飞机下降时的姿态。

下降. MP4

图 5-6 下降姿态

5.3.2　下降的基本操纵和注意力分配

下降时,保持飞行状态的方法与平飞基本相同,通常使发动机的工作状态相对固定,采用增大或减小下滑角的方法来调整速度的大小。如保持下降率不变,需要改变飞行速度时,用加减油门的方法。在加减油门时,应柔和稳杆或带杆保持下降率不变,使飞机获得所需的速度。下降收油门时,机头会自动下俯,注意带住杆,保持下降天地线的位置关系和姿态角。收油门时,螺旋桨滑流的扭转作用减弱,飞机有右偏力矩,应抵住左舵修正,同时用配平平衡好飞机。

在下降过程中,可以观察天地线来建立所需的下降姿态,通过操纵驾驶杆和油门来实现预期的下降参数。同时循环检查各仪表来保持飞行参数的正确。飞机下降时,高度表的读数逐渐减小,升降速度表应指示当前的下降率,同时还应观察航向表以保持正确的航向。

5.4　状态互换

飞机由平飞转上升,需要的是在一定速度的基础上获得上升率。应观察机头与天地线的位置关系及姿态仪的指示,柔和一致加油至上升功率的同时带杆,稍抵右舵保持好航向,当机头上仰接近上升天地线和姿态角位置时,向前柔和稳杆保持好上升姿态,根据盘舵力量配平好飞机。在这个过程中,要参考天地线建立正确的爬升姿态,通过仪表检查姿态,通过配平操作来稳定爬升姿态。还要循环检查飞行仪表来保持各参数的正确。通常来说,当发动机的功率增加时,由于滑流扭转作用,水平安定面上的下洗效应增强,飞机会有抬头的趋势。

飞机由上升转平飞,首先要考虑的是要获得准确的高度。当飞机上升至预定高度前30～50 ft(提前量由上升率的大小而定)时,看好机头与天地线的位置关系及姿态仪的指示柔和稳杆,接近平飞天地线和姿态角时稍回杆,同时注意不使飞机带坡度并保持好航向。当接近预定速度时,收油门同时稍带杆保持好预定航向和高度。在上升过程中,应密切关注高度表的指示,准确把握改出时机。参考天地线或者仪表的指示来建立正确的平飞姿态,待速度快增加至平飞速度时,适当减小油门来保持预定的速度平飞。获得平飞高度和速度后,调整升降舵配平以减小杆力,稳定平飞状态。

飞机由平飞转下降,需要的是准确地获得预计的下降率和速度。应看好机头与天地线的位置关系及姿态的指示,柔和收油门同时稳杆,不使飞机带坡度,稍抵左舵保持好航向。当接近下滑天地线和姿态角位置时,稍带杆保持好状态。在这个过程中,应参考天地线建立正确的下降姿态,通过仪表检查姿态,通过配平操作来稳定下降姿态。还要循环检查飞行仪表来保持各参数的正确。通常来说,当发动机的功率减小时,水平安定面上的下洗效应减弱,飞机会有低头的趋势。

状态互换. MP4

飞机由下降转平飞,首先需要是准确的高度。当飞机下降至预定高度30～50 ft(提前量由下降率的大小而定)时,看好机头与天地线的位置关系和姿态仪的指示,柔和加油门同时带杆,稍抵右舵保持好航向,当接近平飞姿态时,向前柔和稳杆。在下降过程中,应密切关注高度表的指示,准确把握改出时机。参考天地线或者仪表建立正确的平飞姿态,同时增加油门来保持预定的速度平飞。获得平飞高度和速度后,调整升降舵配平,以减小杆力,稳定平飞状态。

如果驾驶员不注意检查机头与天地线的位置关系和姿态仪上坡度的指示,或不清楚天地线与机头的位置关系,或没有配平好飞机,或不自觉地向一侧压盘或蹬舵,都可能导致在平飞、上升、下降过程中使飞机带坡度;如果驾驶员没有及时检查和修正坡度,或没有检查目标和航向,都会导致飞机方向保持不好;如果油门使用不当,或注意力分配不当,或机头与天地线的位置关系保持不准确,都可能导致速度保持不好;如果未配平好飞机,或注意力分配不当,或机头和天地线的位置关系保持不准确,都会导致高度保持不好。

5.5　转弯

5.5.1　转弯的基本原理

飞机在平飞时,作用力有升力、重力、拉力和阻力,垂直方向上升力等于重力。当飞机进入转弯,驾驶员需压盘来使副翼偏转,左右副翼偏转方向相反,产生升力差。在升力差的作用下,飞机会倾斜,升力也随之发生倾斜,产生沿两个方向的分力。其中,升力的水平分力即作为转弯的向心力,如图 5-7 所示。

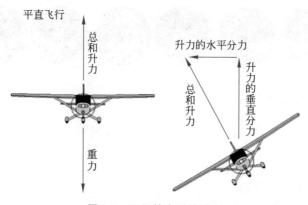

图 5-7　飞机转弯时的受力

如果进入转弯时驾驶员除了压盘不采取任何操作,升力的垂直分力不足以平衡飞机的重力,就会使得飞机掉高度。如果使转弯不掉高度,必须为飞机补充升力。可以通过增大迎角(姿态)或增加速度的方法来实现,对应的具体操作就是向后带杆增加迎角或增大油门。为了使飞机转弯过程中不发生侧滑,还需要使用方向舵来配合协调转弯。

5.5.2　转弯的基本操纵和注意力分配

转弯.MP4

操纵转弯,可以从进入、稳定和改出三个方面来考虑。

转弯前,应调整好速度,保持好平飞状态,配平好飞机,同时记住改出转弯的目标和航向。观察机头与天地线的位置关系及姿态仪的指示,手脚协调一致地向转弯方向压盘蹬舵,并注意保持好俯仰状态。当接近预定坡度时回盘回舵,同时向转弯的反方向稍压住盘,并向后稍带住杆,保持好坡度和俯仰状态,使飞机稳定地进入转弯。

转弯中,根据机头与天地线的位置关系和姿态仪的指示来保持好坡度,检查升降速度表、空速表、高度表,保持好飞机的俯仰,发现偏差时及时修正。

转弯后段,注意检查改出目标和航向,判断改出转弯的时机。通常情况下,改出转弯的提前角度为转弯坡度的1/2。改出时,观察机头与天地线的位置关系,手脚协调一致地向转弯的反方向压盘蹬舵。当坡度接近改平时,回盘回舵,使飞机改平坡度时正好对正预定航向,同时注意随坡度的减小应柔和地稍向前稳杆,保持好俯仰状态。

可以综合观察转弯侧滑仪的指示来判断侧滑并修正。侧滑发生的本质原因是飞机的横向受力不平衡。对于独立式仪表的飞机,侧滑仪的原理是利用小球在弧形玻璃管中的运动模拟单摆感受飞机横向受力的情况,从而指示飞机的侧滑。可以先看飞机的转弯方向,再看小球的偏转方向来综合判断内侧滑或外侧滑,如图 5-7 所示。出现侧滑时,要及时蹬舵来消除侧滑,使小球回到中间位置。

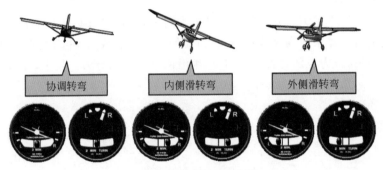

图 5-8　转弯侧滑仪的判读

第 **6** 章
正 常 程 序

6.1 程序解读

本节是针对飞行员操纵手册(pilot's operating handbook,POH)和飞机飞行手册(airplane flight manual,AFM)中正常程序进行展示,同时对程序内部逻辑和操作步骤之间的联系进行分析。

6.1.1 飞行前检查

外部检查时,应按照手册规定的路线对飞机的整体状况进行目视检查,检查路线如图 6-1 所示。飞机应以正常的地面姿态停放,如图 6-2 所示,以确保能够从燃油放油活门精确采样。使用加油踏板和辅助拉手,如图 6-3 所示,可以方便机翼上表面的目视检查和加油操作。在寒冷天气下,即便只有很少的霜、冰或雪,也要把它们从机翼、机尾和操纵舵面上清除干净,并确保操纵舵面的内部没有结冰或碎屑。飞行前,打开主电门和空速管加温电门,保持 30 s 以内(加热时间太长可能导致空速管热变形而影响正确测量,电瓶电量消耗过多),检查空速管加温。如果计划夜间飞行,则要检查所有灯光,并确保手电筒可用。

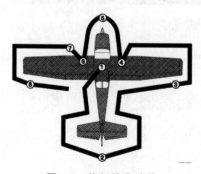

图 6-1 绕机检查路线

图 6-2 正常停放姿态

1. 座舱

标准操作步如图 6-4 所示,具体如下:

图 6-3　辅助拉手和加油踏板

图 6-4　座舱程序操纵路线

（1）空速管套——取下（检查空速管无堵塞，如图 6-5 所示）。

注释：空速管（测总压）安装在左机翼下表面，开口朝飞行方向，飞行员离机前需套上空速管套，避免杂物进入；绕机检查前先取下放在驾驶舱内，防止忘取影响空速指示；绕机时检查空速管无堵塞（多指无积冰）。

（2）～（3）飞行员操作手册和 G1000 驾驶舱参考指南——飞行员可随手取得（如图 6-6 所示）。

注释：相关纸质版资料应放在左右驾驶舱门内，或前排座椅中间的储物盒内。

（4）飞机重量及平衡——已检查。

注释：证实飞机重量和平衡在限制范围内。

图 6-5　检查空速管

图 6-6　纸质版资料放置区域

（5）停留刹车——设置（如图 6-7 所示）。

注释：设置指检查停留刹车已处于设置状态，无需操作。为防止出现停留刹车手柄在拉出位，但无刹车压力的情况，无论停留刹车手柄是否拉出，在执行此项检查时都应重新设置。设置停留刹车时，用力踩下两个刹车踏板，然后将停留刹车手柄拉出（或松开后重新拉出）至最大行程并逆时针旋转 90°置于锁定位。

（6）舵面锁——取下（如图 6-8 所示）。

警告：当打开总电门、使用外部电源或用手拉螺旋桨时，要像开磁电机时一样，当心螺旋桨突然旋转。不要站立、也不要让任何其他人或物在螺旋桨转动弧线内。因为电线的松动或断裂，或部件故障都可能引起螺旋桨转动。

注释：舵面锁通过把驾驶盘水平扭力管上的锁孔与锁支架上的锁孔对准，将锁销插入锁孔，驾驶盘不能前后移动和左右转动，将副翼和升降舵锁定。舵面锁取下后应放在规定位置。

图 6-7　设置停留刹车

图 6-8　舵面锁

（7）磁电机开关——关（如图 6-9 所示）。

警告：磁电机开关从左往右顺时针分别为 OFF、R、L、BOTH、START 共 5 个位置，其中 R、L 在检查和应急条件下使用，START 为弹性位，松开后自动到 BOTH 位，双磁电机同时工作。

（8）航空电子设备电门（BUS 1 和 BUS 2）——关（如图 6-10 所示）。

注释：航空电子设备电门包括 1♯和 2♯航空电子设备电门，分别控制 1♯航空电子设备汇流条和 2♯航空电子汇流条。

图 6-9 关闭磁电机

图 6-10 关闭电子设备电门

(9) 总电门(ALT 和 BAT)——开(如图 6-11 所示)。

注释：总电门包括左侧的 ALT 端和右侧的 BAT 端，分别控制交流发电机的励磁电流和主电瓶的对外输出电流。

(10) 主飞行显示器(PFD)——确认 PFD 已经打开(如图 6-12 所示)。

注释：打开总电门的 BAT 端，主电瓶对重要汇流条供电，使该汇流条所接 PFD 通电，PFD 亮表明此电路无故障。

图 6-11 打开总电门

图 6-12 确认主飞行显示器(PFD)打开

(11) 燃油量(左和右)——检查(如图 6-13 所示)。

注释：该状态下 MFD 未通电，G1000 为应急备份模式，MFD 左侧的发动机页面会显示在 PFD 左侧，能观察到燃油量指示，确保左右油箱油量平衡，燃油量与计划油量一致。

(12) 低燃油量警告(LOW FUEL L 和 LOW FUEL R)——检查(确认警告消失，如图 6-14 所示)。

注释：PFD 右侧的通告区无琥珀色的"LOW FUEL L"或"LOW FUEL R"显示，表明油量传感器及其显示组件正常。当左右任一油箱油量连续 60 s 低于 5 gal，会有低燃油量警告。

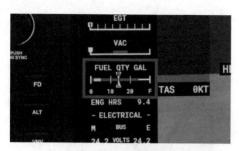

图 6-13　检查燃油量

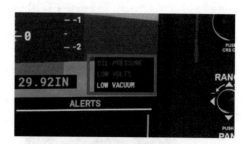

图 6-14　检查通告区

（13）滑油压力警告——检查（确认"OIL PRESS"信息可见，如图 6-14 所示）。

注释：滑油由发动机驱动滑油泵增压，在发动机启动前，滑油压力低是正常的，红色的"OIL PRESS"显示在通告区。

（14）低真空度警告——检查（确认"LOW VACUUM"信息可见，如图 6-14 所示）。

注释：真空由发动机驱动真空泵抽吸形成，在发动机启动前，琥珀色的"LOW VACUUM"显示在通告区。

（15）1♯航空电子设备电门（BUS 1）——开（如图 6-15 所示）。

（16）前航空电子设备风扇——检查（确认可听见风扇工作声音）。

注释：步骤（9）时总电门的 BAT 端打开，步骤 15 时航空电子设备电门（BUS 1）开，主电瓶通过 1♯主汇流条对 1♯航空电子设备汇流条供电，通过听到该汇流条所接的前电子设备冷却风扇有转动声音，表明此电路无故障。不能通过 PFD 工作判断 1♯航空电子设备汇流条无故障。

（17）1♯航空电子设备电门（BUS 1）——关（如图 6-16 所示）。

图 6-15　打开电子设备电门（BUS 1）

图 6-16　关闭电子设备电门（BUS 1）

（18）2♯航空电子设备电门（BUS 2）——开（如图 6-17 所示）。

（19）后航空电子设备风扇——检查（确认可听见风扇工作声音）。

注释：类似步骤（15）、（16），主电瓶通过 2♯主汇流条对 2♯航空电子设备汇流条供电，通过听到该汇流条所接的后电子设备冷却风扇有转动声音，表明此电路无故障。也可通过 MFD 工作判断 2♯航空电子设备汇流条无故障。

（20）2♯航空电子设备电门（BUS 2）——关（如图 6-18 所示）。

图 6-17　打开电子设备电门（BUS 2）　　　　图 6-18　关闭电子设备电门（BUS 2）

（21）空速管加温开关——开（时间不超过 30 s，如图 6-19 所示）。

注释：空速管加热开的时间过长，可能导致空速管热变形，影响准确度，也可能消耗过多电瓶电量，使电瓶工作时长变短。地面运行时空速管加温时长禁止超过 2 min。

图 6-19　打开空速管加温开关

（22）空速管加温开关——关（如图 6-20 所示）。

图 6-20　关闭空速管加温开关

（23）低电压警告——检查（确认"LOW VOLTS"信息可见，如图 6-21 所示）。

注释：发动机未转动，交流发电机未工作，电瓶供电，额定电压 24 V。当主汇流条电压（MAIN BUS 的电压在交输汇流条上 WARN 断路器处测得）低于 24.5 V，会在通告区显示红色的"LOW VOLTS"警告。

（24）总电门（ALT 和 BAT）——关（如图 6-22 所示）。

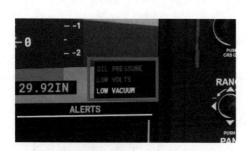

图 6-21 检查通告区低电压警告信息

图 6-22 关闭总电门

（25）升降舵配平手轮——"起飞"位（如图 6-23 所示）。

注释：升降舵配平片（只安装在右侧升降舵）通过驾驶舱中控位置的升降舵配平手轮控制，配平手轮往前打，配平片上偏，飞机低头。"起飞"位是指刻度盘的"TO"位与指示盘的 ▶ 对齐。

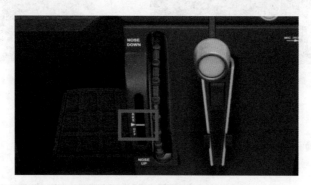

图 6-23 升降舵配平"起飞"位

（26）燃油选择活门——"双组"位（如图 6-24 所示）。

注释：位于中控台的燃油选择活门开关有 3 个位置（左、右、双组），分别表示通往发动机的燃油来自左油箱、右油箱和两个油箱。离机前将此开关置于"左"位或者"右"位，防止燃油交输。

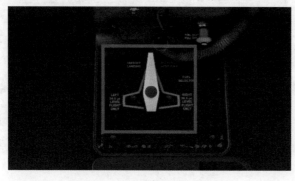

图 6-24 燃油选择活门"双组"位

（27）备用静压源活门——关（如图 6-25 所示）。

注释：备用静压源活门开关位于驾驶舱油门杆左上方，关（按入）时表明飞机的静压数据来自主静压源（位于左机身侧面），开（拉出）时表明飞机的静压数据来自驾驶舱内的备用静压。

（28）灭火瓶——检查（确认其指针在绿弧区，如图 6-26 所示）。

注释：灭火瓶位于左右座中间位置，确认其压力指针在绿弧区、标牌上标示的合格证日期在有效期，否则需更换灭火瓶，还需检查锁扣锁好并可以轻松打开。

图 6-25　关闭备用静压源活门

图 6-26　检查灭火瓶

2. 尾翼

标准操作步骤如图 6-27 所示，具体如下：

图 6-27　尾翼程序操纵路线

（1）行李舱门——检查（用钥匙锁好，如图 6-28 所示）。

注释：只在飞机座舱有行李舱门，其钥匙与驾驶舱舱门相同。

（2）自动驾驶仪静压源孔（如安装）——检查（确认开口处清洁）。

注释：有些此类型飞机没有自动驾驶功能，其相应辅助设备也没安装。

（3）方向舵阵风锁（如安装）——解除（如图 6-29 所示）。

图 6-28　检查行李舱门

图 6-29　解除方向舵阵风锁

（4）机尾系留——解除（如图 6-30 所示）。

注释：大风、雷暴等会对没有系紧的飞机造成损伤。

（5）操纵舵面——检查舵面操纵灵活并紧固（如图 6-31 所示）。

注释：检查方向舵、升降舵、垂直安定面、水平安定面表面没有损坏，静电刷连接正常。地面禁止扳动方向舵。移动升降舵以确认其活动灵活无卡阻，连接正常，向上扳动升降舵时检查驾驶杆向后移动。

图 6-30　解除机尾系留

（6）地面配平调整片——检查紧固（如图 6-32 所示）。

注释：此处配平调整片指方向舵后面的地面可调配平调整片。

图 6-31　检查操纵舵面

图 6-32　检查地面配平调整片

（7）天线——检查安装牢固及状况。

3. 右机翼后缘

标准操作步骤如图 6-33 所示，具体如下：

图 6-33　右机翼程序操纵路线

（1）襟翼——检查安装牢固及状况（如图 6-34 所示）。

注释：检查襟翼上下表面有无损坏，检查襟翼连杆安装牢固。

（2）副翼——检查舵面操纵灵活并紧固（如图 6-35 所示）。

注释：检查副翼活动灵活无卡阻，向上扳动右侧副翼时检查驾驶盘向右转动，同时检查左侧副翼下偏；检查副翼表面有无损坏，检查连接牢固，平衡配重条固定，两个静电刷连接正常。

图 6-34　检查襟翼

图 6-35　检查副翼

4. 机翼

标准操作步骤如图 6-36 所示，具体如下：

图 6-36　机翼程序操纵路线

（1）机翼系留——解除（如图 6-37 所示）。

图 6-37 解除机翼系留

（2）主轮轮胎——检查（如图 6-38 所示）。

注释：检查内容包括轮胎充气适当、轮胎总体状况（风化检查、胎面深度和磨损等），如果可见轮胎的纤维布，则需更换轮胎。检查刹车油管无渗漏。检查轮胎时，如有必要可以推动飞机检查轮胎与地面接触部分。

（3）燃油箱集油槽快速放油活门——放油（如图 6-39 所示）。

注释：每个油箱各有 5 个放油活门。每次飞行前和每次加油后，从每个放油活门处排放至少一满杯燃油（使用样品杯），检查是否有水、沉淀物和正确的燃油等级。如果观察到有水，进一步放油直到清洁为止。然后，轻轻摇动机翼，将机尾放低到地面，以将更多的杂质移到放油口。重复从所有的燃油放油孔取样直到去除全部杂质。如果反复采样以后，仍然存在杂质，飞机不得飞行，应由合格的维护人员排放油箱、净化系统，在下一次飞行前必须去除所有杂质。含杂质的油样应该用专门的容器收集。放油后检查燃油无燃油渗漏。

图 6-38 检查主轮轮胎

图 6-39 放油检查

（4）燃油油量——目视检查达到所需油量（如图 6-40 所示）。

注释：打开燃油箱盖，目视检查油量是否和油量表指示一致。

（5）燃油加油口盖——盖好，并且通气口畅通（如图 6-41 所示）。

注释：左、右燃油箱各有一个加油口盖，加油口盖上都有通气口使油箱通气。

图 6-40 燃油油量检查

图 6-41 加油口盖检查

5. 机头

标准操作步骤如图 6-42 所示,具体如下:

图 6-42 机头程序操纵路线

(1)燃油滤快速放油活门(位于机身下部)——放油。

注释:分别从机头下部燃油滤活门、燃油选择器活门、燃油储油箱放油活门取样(如图 6-43 所示)。

(2)发动机滑油量尺/加油口盖——检查滑油量,量油尺和加油口盖紧固(如图 6-44 所示)。

图 6-43 燃油滤活门放油检查

图 6-44 滑油量检查

注释：滑油加油口盖在发动机整流罩右侧,通过发动机滑油盖板打开,逆时针旋转滑油口盖,取出量油尺检查滑油油位在 5～8 qt 之间。收油池油量最大可装 8 qt,小于 5 qt 时不要运行,长时间飞行时需加至 8 qt。顺时针旋转拧上标尺(注意不要拧得过紧),盖上发动机滑油盖板。

(3) 发动机冷却空气进气口——无堵塞(如图 6-45 所示)。

注释：冷却空气进气口(有 2 个)指螺旋桨整流罩两侧的开口,相对气流通过这两个进气口可对发动机及其附件进行冲击冷却。检查进气口清洁,无堵塞。

(4) 螺旋桨及整流罩——检查无刻痕且牢固(如图 6-46 所示)。

注释：检查螺旋桨桨面无刻痕,整流罩螺丝齐全且安装牢固。切忌用手转动螺旋桨。

图 6-45　进气口检查

图 6-46　检查螺旋桨及整流罩

(5) 空气滤——检查未受灰尘或其他外物阻塞(如图 6-47 所示)。

注释：空气滤(仅 1 个)位于螺旋桨整流罩正下方,气体通过空气滤进入发动机气缸燃烧。气滤后方是空气盒,当气滤堵塞时,空气盒侧面的备用进气口打开,导致发动机全功率状态时功率下降约 10%。检查空气滤清洁,无堵塞。

(6) 前轮减震支柱和轮胎——检查(如图 6-48 所示)。

注释：检查前轮减震支柱(正常停机时,支柱伸出 2 in),支柱和轮胎充压正常及总体状况(侵蚀检查、胎纹深度和磨损等)。检查轮胎时,如有必要可以推动飞机检查轮胎与地面接触部分。

图 6-47　检查空气滤

(7) 静压源口——检查(确认开口处清洁,如图 6-49 所示)。

注释：静压源口(仅 1 个)位于飞机左侧机身,若堵塞,则静压数据可能有误,会影响大气数据仪表的正确指示。

图 6-48　检查前轮减震支柱和轮胎

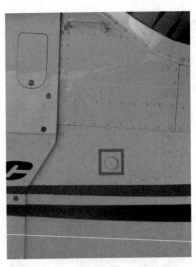

图 6-49　检查静压源口

6. 左机翼前缘

标准操作步骤如图 6-50 所示,具体如下:

图 6-50　左机翼程序操纵路线

图 6-51　检查油箱通气口

　　(1) 油箱通气口——检查无堵塞(如图 6-51 所示)。

　　注释:燃油箱通气口仅位于左机翼下方,靠近斜撑杆与机翼连接处。通气口朝向来流方向,利于燃油箱通气。通气口只与左油箱相连,右油箱通过一根内连管与左油箱通气。此外,油箱加油口盖也有通气口。

　　(2) 失速警告口——检查无堵塞(如图 6-52 所示)。

注释：气动式失速警告传感器安装于左机翼的前缘，当空速接近失速速度以上 5～10 kt 时，会发出警告声，告知飞行员飞机即将失速。将一块干净的手帕置于通气口上，向外吸气，听到警告声以确认系统工作。

（3）着陆/滑行灯——检查状态、确认清洁（如图 6-53 所示）。

注释：着陆灯和滑行灯位于同一玻璃罩下，都仅在左机翼前缘，靠近内侧为着陆灯（类似远光灯），外侧为滑行灯（类似近光灯）。滑行灯在接到滑行许可后打开，着陆灯在接到许可进入跑道后打开，两者都在离地 300 ft 后关闭。着陆灯和滑行灯都在最后进近时打开，着陆灯在离开跑道后关闭，滑行灯在滑回停机区域后关闭。

图 6-52 检查失速警告口

图 6-53 检查着陆灯和滑行灯

7. 左机翼

标准操作步骤如图 6-54 所示，具体如下：

图 6-54 左机翼程序操纵路线

（1）机翼系留——解除（如图 6-55 所示）。

（2）燃油油量——目视检查达到所需油量（如图 6-56 所示）。

图 6-55　解除机翼系留

图 6-56　燃油油量检查

（3）燃油加油口盖——盖好，并且通气口畅通（如图 6-57 所示）。

（4）燃油箱集油槽快速放油活门——放油（如图 6-58 所示）。

图 6-57　加油口盖检查

图 6-58　集油槽放油检查

（5）主轮轮胎——检查（如图 6-59 所示）。

图 6-59　检查主轮轮胎

8．左机翼后缘

标准操作步骤如图 6-60 所示，具体如下：

（1）副翼——检查舵面操纵灵活并紧固（如图 6-61 所示）。

（2）襟翼——检查牢靠及当前状况（如图 6-62 所示）。

图 6-60　左机翼后缘程序操纵路线

图 6-61　检查副翼

图 6-62　检查襟翼

6.1.2　发动机启动前

标准操作步骤如图 6-63 所示，具体如下：

图 6-63　发动机启动前程序操纵路线

(1) 飞行前检查——完成。

注释：接近飞机时，检查飞机的基本情况。进入飞机后，飞行员应确认所有设备、文件和导航图都已在飞机上。耳机、航图夹、铅笔等不能放置在仪表板的上方。长时间这样做会划伤风档，进而导致前视线变差。按照检查单完成飞行前对飞机的目视检查。

(2) 乘客简令——完成。

(3) 座椅和座椅安全带——调整并系好（确认安全带惯性轮锁上，如图 6-64 所示）。

注释：固定安全带和肩带，防止意外脱落受伤。

(4) 刹车——测试和设置（如图 6-65 所示）。

图 6-64　调整座椅和安全带

图 6-65　刹车测试和设置

(5) 断路器——检查，全在按入位（如图 6-66 所示）。

注释：断路器正常时都应在按入位，若有某断路器在按出位，表明此断路器相关电路断开，无法正常供电。

(6) 电气设备——关。

(7) 航空电子设备电门（BUS 1 和 BUS 2）——关（如图 6-67 所示）。

注释：发动机启动时，电子设备总电门（BUS 1 和 BUS 2）都应在关位，防止瞬态电压对电子设备造成损坏。此外，开关总电门之前和使用地面外接电源之前，都应将航空电子设备电门（BUS 1 和 BUS 2）置于关位。

图 6-66　检查断路器

图 6-67　关闭电子设备电门

(8) 燃油选择活门——"双组"位（如图 6-68 所示）。

(9) 燃油关断活门——开（完全按入，如图 6-69 所示）。

注释：燃油关断活门开关位于中控位置（燃油选择活门开关右上方）。该开关完全拉出时表明关断,起到燃油关断的作用,即无燃油流入发动机。该开关完全按入时表明打开,即不会阻碍燃油流动。

图 6-68 燃油选择活门"双组"位

图 6-69 打开燃油关断活门

6.1.3 启动发动机(使用电瓶)

标准操作步骤如图 6-70 所示,具体如下:

图 6-70 启动发动机步骤

(1) 油门杆——1/4 in 开(如图 6-71 所示)。

注释:油门杆完全推入时称为全油门,油门杆完全拉出时称为慢车油门。油门杆根部有摩擦锁,顺时针旋转增加摩擦力,逆时针旋转减小摩擦力。设置油门杆至最有利于发动机爆发的位置,冷发启动时拉出油门杆至慢车位,然后推入 1/4 in(约 1 cm)。

(2) 混合比杆——慢车关断(如图 6-72 所示)。

注释:混合比杆完全推入时称为全富油,混合比杆完全拉出时称为慢车关断,此时发动机停车。混合比杆顶部红色旋钮可微调混合比,顺时针旋转调富油、逆时针旋转调贫油。混合比杆顶部黑色按钮按下可快速调节贫富油。

(3) 备用电瓶电门——①测试(按压保持 20 s,确认绿色"TEST"灯不灭);②预位(如

图 6-73 所示）。

图 6-71 设置油门杆位置

图 6-72 混合比杆慢车关断

图 6-73 设置备用电瓶电门位置

注释：备用电瓶电门有 3 个位置（上、左、下）。上侧为"预位"（ARM），当交流发电机发电不足且主电瓶不够时，备用电瓶自动接入电路供电。左侧为"关"（OFF）位，此时备用电瓶断开。下侧为"测试"（TEST）位，此时备用电瓶的测试电路接通，右侧绿色的测试灯亮，表明备用电瓶有电且其相关电路无故障。备用电瓶仅对重要汇流条供电，可保证该汇流条所接的 PFD 以及其他关键飞行设备的供电。

（4）发动机指示系统——检查（确认 ENGINE 页面无红色"X"，如图 6-74 所示）。

注释：有红色的"X"表明相关测量组件出现了短路、断路等非正常情况，则会在相关联的指示上出现该显示。在飞机起飞前要确保 PFD 和 MFD 都没有红色的"X"。

（5）重要汇流条电压——检查（最低电压 24 V，如图 6-75 所示）。

注释：寒冷天气启动时，在打开总电门之前，电压可能略低于 24 V。

（6）主汇流条电压——检查（小于或等于 1.5 V，如图 6-76 所示）。

注释：寒冷天气启动时，在打开总电门之前，电压可能略低于 24 V。

（7）备用电瓶电流——确认放电（负值）（如图 6-77 所示）。

注释：发动机未启动，交流发电机未工作，总电门的 BAT 端也未打开，主电瓶未工作，此时仅备用电瓶供电（ARM 此时等效于 ON），备用电瓶显示为琥珀色的负值，表明正在放电。

图 6-74 检查发动机指示系统

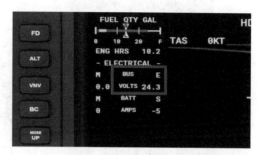

图 6-75 检查重要汇流条电压

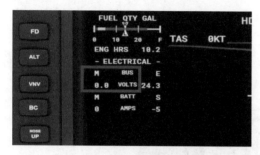

图 6-76 检查主汇流条电压

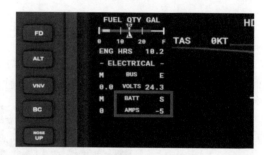

图 6-77 确认备用电瓶放电

(8) 备用电瓶警告——检查(确认"STBY BATT"信息可见,如图 6-78 所示)。

注释：备用电瓶工作时,琥珀色的 STBY BATT 显示在 PFD 右侧的警告区。

(9) 螺旋桨区域——清洁(确认人员、设备有足够安全距离)(如图 6-79 所示)。

注释：有人在螺旋桨转动弧线范围可能会造成人员伤亡,有物品在螺旋桨的转动弧线范围可能造成飞机受损严重,影响正常飞行。

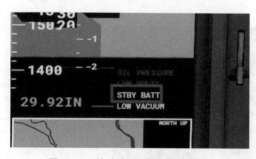

图 6-78 检查备用电瓶警告信息

图 6-79 清洁螺旋桨区域

(10) 总电门(ALT 和 BAT)——开(确认人员、设备有足够安全距离)(如图 6-80 所示)。

(11) 防撞灯开关——开(确认人员、设备有足够安全距离)(如图 6-81 所示)。

注释：防撞灯位于垂直安定面顶部,发出闪烁的红光,以警示地面人员或其他飞机。

图 6-80　打开总电门

图 6-81　打开防撞灯

如果发动机是热发,省略以下(12)~(14)项的启动注油程序。

(12) 燃油泵开关——开(如图 6-82 所示)。

注释:燃油泵电门是电动泵开关,位于灯光面板左下角。在发动机启动前预注油,也可抑制燃油蒸汽产生,但注油过多可能导致气缸被淹没。

图 6-82　打开燃油泵

(13) 混合比杆——设置为全富油,直到燃油指示稳定的流量(约 3~5 s),然后设置为慢车关断(如图 6-83 所示)。

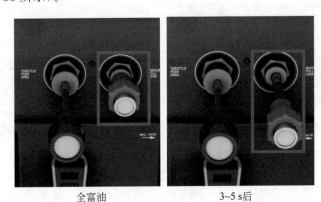

全富油　　　　　　　　3~5 s后

图 6-83　混合比设置

（14）燃油泵开关——关（如图 6-84 所示）。

图 6-84　关闭燃油泵

（15）磁电机开关——启动（发动机启动后松开，如图 6-85 所示）。

（16）混合比杆——柔和推到富油（发动机爆发时）（如图 6-86 所示）。

注释：如果发动机注油过多（溢油），将混合比控制置于慢车关位，将油门手柄放置 1/2 至全开位（尽可能多进气），然后启动发动机。当发动机爆发时，将混合比前推至全富油位（防止发动机熄火），并迅速收小油门（防止功率太大，发动机开始滑行）。

图 6-85　启动磁电机

图 6-86　混合比富油

（17）滑油压力——检查（确认在 30～60 s 内，滑油压力增加到绿弧区内）（如图 6-87 所示）。

注释：发动机启动成功后，发动机驱动滑油泵开始工作，对滑油增压。夏天时滑油压力 30 s 内达到绿区，冬天时滑油压力 60 s 内达到绿区。否则应立即拉回混合比杆，执行关车程序。

（18）主电瓶和备用电瓶电流——检查充电（正值）（如图 6-88 所示）。

注释：发动机启动成功后，交流发电机开始工作，对主电瓶和备用电瓶充电，两者电流数值显示为白色的正值。

（19）低压警告——检查（确认"LOW VOLTS"信息消失）（如图 6-89 所示）。

注释：发动机启动成功后，交流发电机开始工作，额定电压为 28 V，PFD 右侧通告区的红色"LOW VOLTS"警告消失。

（20）航行灯开关——按需开（如图 6-90 所示）。

注释：航行灯（共 3 个）分别位于左、右机翼翼尖前缘和方向舵顶部后缘，颜色为左红右绿尾白，航行灯在启动发动机之前打开，关闭发动机之后关闭。

图 6-87　滑油压力指示

图 6-88　电瓶电流指示

图 6-89　检查低压告警信息

(21) 航空电子设备电门(BUS 1 和 BUS 2)——开(如图 6-91 所示)。

图 6-90　按需打开航行灯

图 6-91　打开电子设备电门

6.1.4　起飞前

标准操作步骤如图 6-92 所示,具体如下:

(1) 停留刹车——设置(如图 6-93 所示)。

注释:发动机高转速时不能仅靠停留刹车阻止飞机移动,应将刹车踏板踩到底。

(2) 飞行员和乘客座位靠背——竖直位(如图 6-94 所示)。

图 6-92 起飞前程序操纵路线

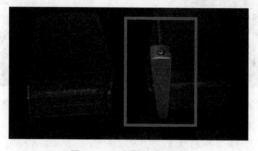

图 6-93 设置停留刹车

注释：确保座椅安全带可以有效地保障乘员安全。

图 6-94 调整座椅靠背

（3）座椅和座椅安全带——调好系好（如图 6-95 所示）。

（4）座舱门——关闭并锁紧（如图 6-96 所示）。

注释：飞机有两个座舱门，左右各一个，每个座舱门都有一个内部手柄，内部手柄有 3 个位置，从前往后分别为 LOCK、CLOSE 和 OPEN。

图 6-95　调整座椅和安全带

（5）飞行操纵——自由且正确（如图 6-97 所示）。

注释：驾驶员可操纵驾驶杆或舵来检查飞行操纵正常和无卡阻。

图 6-96　关闭并锁紧座舱门及内部手柄

图 6-97　检查飞行操纵正常

（6）飞行仪表（PFD）——检查（无红色"X"，如图 6-98 所示）。

图 6-98　检查飞行仪表

（7）高度表——①PFD（气压）设置；②备用高度表设置；③KAP140 自动驾驶仪（气压）设置（如安装）。

注释：高度表和备用高度表的指示值应该为机场标高±75 ft。

① PFD 气压设置（如图 6-99 所示）。

② 备用高度表设置（如图 6-100 所示）。

图 6-99　设置气压基准

图 6-100　设置备用高度表

③ KAP140 自动驾驶设置（如安装）。

（8）G1000 高度预选——设置（如图 6-101 所示）。

（9）KAP140 飞行高度预选——设置（如安装）。

注释：在 G1000 高度设置与 KAP140 飞行高度预选和高度保持功能之间没有交联，G1000 和 KAP140 飞行高度是独立设置的。

（10）备用飞行仪表——检查（如安装）（如图 6-102 所示）。

注释：备用飞行仪表包括空速表、姿态仪、高度表和位于仪表板上部的磁罗盘。

（11）燃油油量——检查（确认油量正确）（如图 6-103 所示）。

注释：当左、右油箱燃油量指示都在黄弧范围时，建议不要飞行。

（12）混合比杆——富油（如图 6-104 所示）。

（13）燃油选择活门——"双组"位（如图 6-105 所示）。

（14）升降舵配平手轮——"起飞"位（如图 6-106 所示）。

（15）人工电动配平（MET）系统（如安装）——检查（参照 POH/AFM 中的人工电动配平检查程序）。

图 6-101　设置预选高度

（16）油门杆——1 800 RPM。

① 磁电机开关——检查。

注释：检查磁电机时，发动机转速应为 1 800 RPM（如图 6-107 所示），将磁电机开关先转到"右"位，观察发动机转速，再转回"双组"位，清除另外一侧的点火塞。然后，将磁电机

图 6-102 检查备用飞行仪表

图 6-103 检查燃油油量

图 6-104 混合比富油

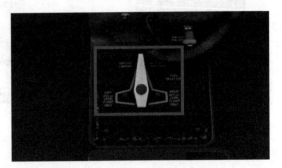

图 6-105 燃油选择活门"双组"位

图 6-106 升降舵配平"起飞"位

图 6-107 转速指示

开关转到"左"位,观察发动机转速,再转回"双组"位。任一(左或右)磁电机工作时比双磁电机同时工作时的发动机转速下降不应超过 150 RPM,两个磁电机之间(只有左或右磁电机工作时)的转速差不应超过 50 RPM。如果单双磁之间掉转大于 150 RPM,将钥匙拧到双磁位,将油门调至 1 800 RPM,然后混合比调贫油直到转速达到峰值。将混合比放在此位置,调整油门至 1 800 RPM,再进行磁电机检查,这时单双磁掉转差不大于 150 RPM,左右单磁电机之间转速差不大于 50 RPM,发动机工作平稳,则说明点火系统工作正常。

　　② 真空度指示器——检查(如图 6-108 所示)。

　　③ 发动机指示——检查。

　　④ 电流表和电压表——检查(如图 6-109 所示)。

图 6-108　真空度指示　　　　　　　　图 6-109　电流和电压指示

（17）告警信息——检查（确认无告警信息）（如图 6-110 所示）。

注释：检查通告区无告警信息。

（18）油门杆——检查慢车（如图 6-111 所示）。

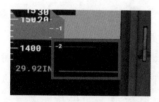

图 6-110　通告区检查告警信息　　　　　图 6-111　油门杆慢车

（19）油门杆——不大于 1 000 RPM。

注释：油门设置慢车功率，发动机工作平稳、声音正常、无抖动，慢车转速在 600±25 RPM（R 型 750±50 RPM）。调混合比贫油（按住混合比杆中心按钮，慢慢拉出混和比杆）检查慢车贫富油，观察转速上升 25～50 RPM 然后下降，如果上升超过 50 RPM 则说明发动机偏富油，反之则偏贫油。

（20）油门杆摩擦锁——调节（如图 6-112 所示）。

（21）通信（COM）频率——设置（如图 6-113 所示）。

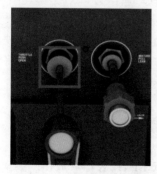

图 6-112　调节油门杆摩擦锁　　　　　图 6-113　设置通信频率

（22）导航（NAV）频率——设置（如图 6-114 所示）。

（23）FMS/GPS 飞行计划——按需。

注释：在 AUX-GPS 状态页上检查 GPS 的可用性。GPS2 缺失时，无信号提示。

（24）应答机（XPDR）——按需（如图 6-115 所示）。

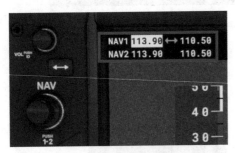

图 6-114　设置导航频率

图 6-115　应答机编码软键

图 6-116　CDI 软键

（25）航道偏离指示器（CDI）软键——选择导航源（如图 6-116 所示）。

注释：注意：G1000 的 HSI（水平状态指示器）为所选择的 GPS、NAV1 或 NAV2 导航源指示航道偏离指示。如果指示器未获得有效的导航信号，G1000 的 HSI 不提供警告旗显示。如果没有有效的导航信号，指示器上的 D-BAR（航道偏离杆）将不会在 HSI 罗盘上出现。D-BAR 的缺失可被认作警告旗。

警告：当 KAP140 自动驾驶仪用于 NAV、APR 或 REV 工作方式中时，如果 HSI 导航源自动或人工（使用 CDI 软键）从 GPS 转换到 NAV1 方式，或者人工从 NAV2 转换到 GPS 方式，该转换将中断至自动驾驶仪的导航信号，并导致自动驾驶仪回到横滚方式（ROLL MODE）工作。在这种情况下，没有报警声，在 PFD 上也没有任何信号提示。之前设置的模式标志将在自动驾驶仪显示面板上闪烁，以表示回到横滚方式工作。在横滚方式下，自动驾驶仪只会保持机翼水平，不会修正飞机航向或航迹。在其他任何模式下接通自动驾驶之前，将航向标记设置到正确航向，并用 CDI 软键在 HSI 上选择正确的导航源。

（26）自动驾驶仪——关（如安装）。

（27）座舱 12 V 电源电门——关（如安装）（如图 6-117 所示）。

（28）襟翼——收起或 10°（如图 6-118 所示）。

注释：襟翼手柄有 4 个位置，分别是 UP、10°、20° 和 FULL，代表襟翼放出 0°、10°、20° 和 30°。起飞时襟翼角度可为 0°（正常跑道起飞）或 10°（短跑道起飞）。

图 6-117　关闭座舱 12 V 电源电门

图 6-118　设置襟翼角度

（29）座舱窗户——关闭并锁好（如图 6-119 所示）。

（30）频闪灯开关——开（如图 6-120 所示）。

注释：频闪灯（共两个）分别位于左、右机翼翼尖。频闪灯开和关与航行灯一样，在启动发动机之前打开，关闭发动机之后关闭。

图 6-119　关闭座舱窗户

图 6-120　打开频闪灯

（31）刹车——松开（如图 6-121 所示）。

图 6-121　松开刹车

6.1.5 起飞

1. 正常起飞

正常起飞标准操作步骤如图 6-122 所示,具体如下:

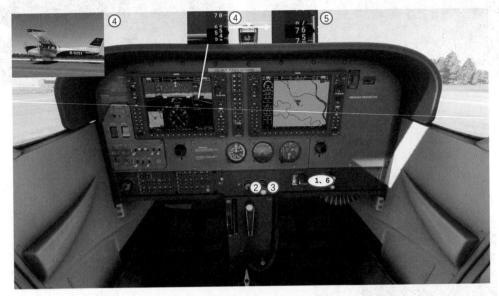

图 6-122 起飞程序操纵路线

(1)襟翼——收起或 10°(如图 6-123 所示)。

图 6-123 设置襟翼角度

(2)油门杆——全开(如图 6-124 所示)。

(3)混合比杆——富油(压力高度在 3 000 ft 以上时,调贫油以获得最大转速)(如图 6-125 所示)。

注释:起飞前调整混合比全富油,为了获得更好的起飞性能,在密度高度 3 000 ft 以上起飞时,需调混合比贫油至发动机最大转速。推荐程序如下:加油门至全功率(油门杆完全推入),调混和比贫油至发动机最大转速。高度超过 3 000 ft 时,空气密度小,氧气含量不足,发动机易过富油,功率降低,调贫油可避免此现象。

（4）升降舵控制——抬前轮（55 KIAS）（如图 6-126 所示）。

图 6-124　油门杆全开

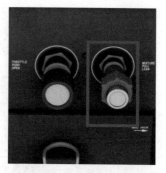

图 6-125　混合比富油

（5）爬升速度——70～80 KIAS（如图 6-127 所示）。

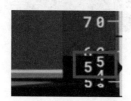

图 6-126　抬轮速度指示

图 6-127　爬升速度指示

（6）襟翼——在安全高度以上收起（如图 6-128 所示）。

图 6-128　襟翼收起

2．短跑道起飞

短跑道起飞标准操作步骤如图 6-129 所示，具体如下：

（1）襟翼——10°（如图 6-130 所示）。

（2）刹车——使用（如图 6-131 所示）。

（3）油门杆——全开（如图 6-132 所示）。

（4）混合比杆——富油（压力高度 3 000 ft 以上时，调贫油以获最大转速）（如图 6-133 所示）。

（5）刹车——松开（压力高度 3 000 ft 以上时，调贫油以获最大转速）（如图 6-134

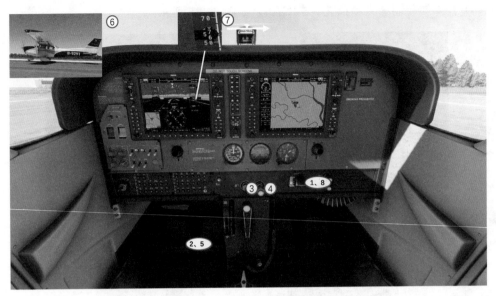

图 6-129　短跑道起飞程序操纵路线

所示)。

(6) 升降舵控制——使机尾稍低(如图 6-135 所示)。

图 6-130　设置襟翼角度

图 6-131　使用刹车

图 6-132　油门杆全开

图 6-133　混合比富油

图 6-134 松刹车

图 6-135 起飞前状态（机尾稍低）

（7）爬升速度——57 KIAS（直到越障）（如图 6-136 所示）。

（8）襟翼——逐渐收回（当空速超过 60 KIAS 时）（如图 6-137 所示）。

图 6-136 爬升速度指示

图 6-137 襟翼收回

6.1.6 爬升

爬升标准操作步骤如图 6-138 所示，具体如下：

图 6-138 爬升程序操纵路线

（1）空速——70～85 KIAS（如图 6-139 所示）。

（2）油门杆——全开（如图 6-140 所示）。

（3）混合比杆——富油（压力高度 3 000 ft 以上时，调贫油以获最大转速）（如图 6-141 所示）。

图 6-139　空速指示

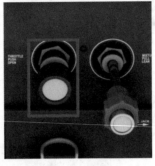

图 6-140　油门杆全开

图 6-141　混合比富油

6.1.7　巡航

巡航标准操作步骤如图 6-142 所示，具体如下：

图 6-142　巡航程序操纵路线

（1）功率——2 000～2 400 PRM（建议不超过 80％功率）（如图 6-143 所示）。

注释： 查询飞行手册性能图表设置巡航功率。如果需要进行最大性能爬升，使用 POH/AFM 中爬升速率表中的速度。

（2）升降舵配平手轮——调整（如图 6-144 所示）。

（3）混合比杆——调贫油（以获得理想的性能和经济性）（如图 6-145 所示）。

图 6-143 设置转速

图 6-144 升降舵配平

注释: 参考 POH, 用 MFD 上的调贫油辅助功能设置混合比, 先按"ENGINE"键, 再按"LEAN"键, 然后按"ASSIST"键, 柔和地调混合比贫油直到峰值出现一个"-F°", 调富油至峰值 0°F(-18℃)或者一个小的"+F°"以获得最经济混合比功率; 或者设置 POH 推荐的峰值-50°F。

(4) FMS/GPS——通过 OBS/SUSP 软键检查和查看等待程序(IFR)(如图 6-146 所示)。

图 6-145 混合比贫油

图 6-146 OBS 软键检查

6.1.8 下降

下降标准操作步骤如图 6-147 所示, 具体如下:

(1) 功率——按需(建议不超过 80％功率)(如图 6-148 所示)。

注释: 设置巡航下降的预选转速和下降率, 按照高距比计算的下降率进行有计划的下降, 在收油门前应先前推混合比杆调富油。

(2) 混合比杆——调节(使发动机平稳运转)(如图 6-149 所示)。

(3) 高度表——设置。

① PFD(气压)设置(如图 6-150 所示)。

② 备用高度表设置(如图 6-151 所示)。

图 6-147 下降程序操纵路线

图 6-148 设置转速

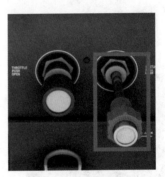

图 6-149 混合比调节

图 6-150 设置气压基准

图 6-151 设置备用高度表

③ KAP140 自动驾驶仪(气压)设置(如安装)。

(4) G1000 高度预选——设置(如图 6-152 所示)。

(5) KAP140 飞行高度预选——设置(如安装)。

注释：在 G1000 高度设置与 KAP140 飞行高度预选和高度保持功能之间没有交联，G1000 和 KAP140 飞行高度是独立设置的。

(6) CDI 软键——选择导航源(如图 6-153 所示)。

图 6-152　设置预选高度

图 6-153　CDI 软键选择

(7) FMS/GPS——通过 OBS/SUSP 软键检查和查看等待程序(IFR)(如图 6-154 所示)。

(8) 燃油选择活门——"双组"位(如图 6-155 所示)。

图 6-154　OBS 软键检查

图 6-155　燃油选择活门"双组"位

(9) 襟翼——按需(如图 6-156 所示)。

注释：小于 110 KIAS,襟翼 UP 或 10°；小于 85 KIAS,襟翼 10°、20°或 FULL。

图 6-156　设置襟翼角度

6.1.9　着陆前

着陆前标准操作步骤如图 6-157 所示,具体如下:

图 6-157　着陆前程序操纵路线

（1）飞行员和乘客座椅靠背——竖直位（如图 6-158 所示）。

（2）座椅和座椅安全带——调好、系好（如图 6-159 所示）。

图 6-158　调整座椅靠背

图 6-159　调整座椅和安全带

（3）燃油选择活门——"双组"位（如图 6-160 所示）。

（4）混合比杆——富油（如图 6-161 所示）。

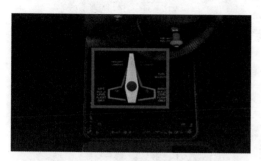

图 6-160 燃油选择活门"双组"位

图 6-161 混合比富油

（5）着陆/滑行灯开关——开（如图 6-162 所示）。

图 6-162 打开着陆/滑行灯

（6）自动驾驶仪（如安装）——关。

（7）座舱 12 V 电源电门——关（如安装）（如图 6-163 所示）。

图 6-163 关闭座舱 12 V 电源电门

6.1.10 着陆

1. 正常跑道着陆

正常跑道着陆标准操作步骤如图 6-164 所示，具体如下：

（1）空速——65～75 KIAS（襟翼收起）（如图 6-165 所示）。

（2）襟翼——按需（如图 6-166 所示）。

图 6-164　着陆程序操纵路线

注释：小于 110 KIAS,襟翼 UP 或 10°；小于 85 KIAS,襟翼 10°、20°或 FULL。

图 6-165　空速指示

图 6-166　设置襟翼角度

（3）空速——60～70 KIAS(全襟翼)(如图 6-167 所示)。

注释：小于 110 KIAS,襟翼 UP 或 10°；小于 85 KIAS,襟翼 10°、20°或 FULL。

（4）升降舵配平手轮——调整(如图 6-168 所示)。

图 6-167　空速指示

图 6-168　升降舵配平

（5）接地——主轮先接地（如图 6-169 所示）。

（6）着陆滑跑——柔和放下前轮（如图 6-170 所示）。

图 6-169 主轮接地

图 6-170 着陆滑跑

（7）刹车——最小需要量（如图 6-171 所示）。

图 6-171 刹车

2. 短跑道着陆

短跑道着陆标准操作步骤如图 6-172 所示，具体如下：

图 6-172 短跑道着陆程序操纵路线

(1) 空速——65～75 KIAS(襟翼收上)(如图 6-173 所示)。

(2) 襟翼——全放(如图 6-174 所示)。

图 6-173 空速指示

图 6-174 襟翼全放

(3) 空速——62 KIAS(直到拉平)(如图 6-175 所示)。

(4) 升降舵配平手轮——调整(如图 6-176 所示)。

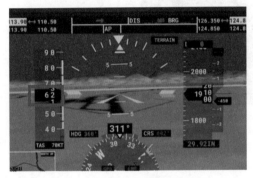

图 6-175 空速指示

图 6-176 升降舵配平

(5) 功率——越障后,减至慢车(如图 6-177 所示)。

(6) 接地——主轮先接地(如图 6-178 所示)。

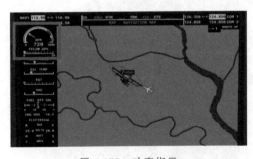

图 6-177 功率指示

图 6-178 主轮接地

(7) 刹车——尽量使用(如图 6-179 所示)。

(8) 襟翼——收起(如图 6-180 所示)。

3. 中断着陆

中断着陆标准操作步骤如图 6-181 所示,具体如下:

（1）油门杆——全开（如图 6-182 所示）。

（2）襟翼——收至 20°（如图 6-183 所示）。

图 6-179　刹车

图 6-180　襟翼收起

图 6-181　中断着陆程序操纵路线

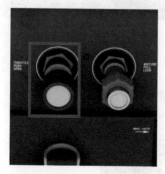

图 6-182　油门杆全开

图 6-183　设置襟翼角度

（3）爬升速度——55 KIAS（如图 6-184 所示）。

（4）襟翼——10°（直到越障），然后收起（达到安全高度并且速度大于 60 KIAS）（如

图 6-185 所示）。

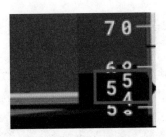

图 6-184　空速指示

图 6-185　设置襟翼角度

6.1.11　着陆后

着陆后标准操作步骤如图 6-186 所示，具体如下：

图 6-186　着陆后程序操纵路线

（1）襟翼——收起（如图 6-187 所示）。

图 6-187　收起襟翼

6.1.12　固定飞机

固定飞机标准操作步骤如图 6-188 所示,具体如下:

图 6-188　固定飞机程序操纵路线

(1) 停留刹车——设置(如图 6-189 所示)。

(2) 油门杆——慢车(如图 6-190 所示)。

图 6-189　设置停留刹车

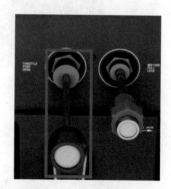

图 6-190　油门杆慢车

(3) 电气设备——关。

(4) 航空电子设备电门(BUS 1 和 BUS 2)——关(如图 6-191 所示)。

(5) 混合比杆——慢车关断(如图 6-192 所示)。

注释:当混合比杆置于最后的位置上(全拉出)时,燃油分配系统中发动机供油被切断。停止向发动机供油,正常情况下的关车使用混合比杆。

图 6-191 关闭电子设备电门

图 6-192 混合比慢车关断

（6）磁电机开关——关（如图 6-193 所示）。

注释：关车前，测试磁电机接地情况，推荐程序如下：转动磁电机钥匙至"关"位，快速转回"双组"位，磁电机钥匙在关断位置时，出现停车趋势，则说明磁电机接地良好，反之则说明磁电机接地有故障，需报告地面人员。螺旋桨停转后，及时将磁电机钥匙转至"关"位，取下钥匙放在座舱规定位置。

（7）总电门（ALT 和 BAT）——关（如图 6-194 所示）。

图 6-193 关闭磁电机

图 6-194 关闭总电门

（8）备用电瓶电门——关（如图 6-195 所示）。

（9）舵面锁——上锁（如图 6-196 所示）。

图 6-195 关闭备用电瓶电门

图 6-196 舵面锁上锁

（10）燃油选择活门——"左"或"右"位（防止油箱间燃油交输）（如图 6-197 所示）。

注释：如果停机地面不平，燃油选择活门在"双组"位可能导致左右油箱的燃油交输，将燃油选择活门设置在"左"或"右"位可以避免此情况出现。

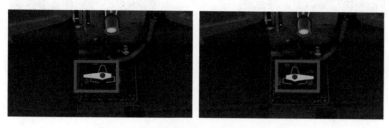

图 6-197　燃油选择活门"左"和"右"位

6.1.13　启动发动机（使用外部电源）

使用外部电源启动发动机标准操作步骤如图 6-198 所示，具体如下：

图 6-198　启动发动机程序操纵路线

（1）油门杆——1/4 in 开（如图 6-199 所示）。

（2）混合比杆——慢车关断（如图 6-200 所示）。

（3）备用电瓶电门——①测试（按压保持 20 s，确认绿色"TEST"灯不灭）；②预位（如图 6-201 所示）。

（4）发动机指示系统——检查（确认 ENGINE 页面无红色"X"，如图 6-202 所示）。

（5）重要汇流条电压——检查（最低电压 24 V，如图 6-203 所示）。

（6）主汇流条电压——检查（如图 6-204 所示）。

图 6-199　设置油门杆位置

图 6-200　混合比慢车关断

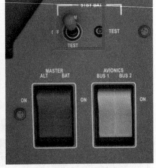

图 6-201　备用电瓶电门"测试"和"预位"

图 6-202　检查发动机指示系统

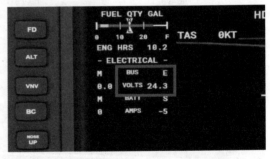

图 6-203　检查重要汇流条电压

图 6-204　检查主汇流条电压

（7）备用电瓶电流——确认放电（负值）（如图 6-205 所示）。

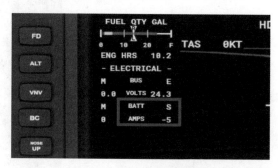

图 6-205 确认备用电瓶放电

（8）备用电瓶警告——检查（确认"STBY BAT"信息可见，如图 6-206 所示）。

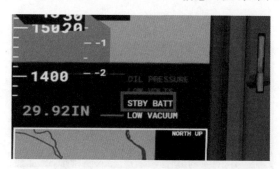

图 6-206 检查备用电瓶警告信息

（9）航空电子设备电门（BUS 1 和 BUS 2）——关（如图 6-207 所示）。

（10）总电门（ALT 和 BAT）——关（如图 6-208 所示）。

图 6-207 关闭电子设备电门

图 6-208 关闭总电门

（11）螺旋桨区域——清空（确认人、设备有足够安全距离）（如图 6-209 所示）。

（12）外部电源——连接至地面电源插座。

（13）总电门（ALT 和 BAT）——开（如图 6-210 所示）。

图 6-209　清洁螺旋桨区域

图 6-210　打开总电门

（14）防撞灯开关——开（如图 6-211 所示）。

图 6-211　打开防撞灯

（15）主汇流条电压——检查（确认电压约 28 V）（如图 6-211 所示）。

图 6-212　主汇流条电压检查

如果发动机为热发,省略以下步骤 16 到 18 的启动注油程序。

（16）燃油泵开关——开（如图 6-213 所示）。

（17）混合比杆——设置为全富油,直到燃油指示稳定的流量（约 3～5 s）,然后设置为慢车关断（如图 6-214 所示）。

（18）燃油泵开关——关（如图 6-215 所示）。

（19）磁电机开关——启动（发动机启动后松开,如图 6-216 所示）。

（20）混合比杆——柔和推到富油（发动机爆发时）（如图 6-217 所示）。

图 6-213　打开燃油泵

全富油　　　　　　　　3~5 s后

图 6-214　混合比设置

图 6-215　关闭燃油泵

图 6-216　启动磁电机

图 6-217　混合比富油

注释：如果发动机注油过多(溢油)，将混合比控制置于慢车关断位，将油门手柄放置1/2至全开位，然后启动发动机(START)。当发动机爆发时，将混合比前推至全富油位，并迅速收小油门。

(21) 滑油压力——检查(确认在30～60 s内，滑油压力增加到绿弧区内)(如图6-218所示)。

(22) 功率——减至慢车(如图6-219所示)。

图 6-218　检查滑油压力

图 6-219　功率慢车

(23) 外部电源——断开地面电源插座(锁好外部电源插座门)。

(24) 功率——增加(至大约1 500 RPM并保持几分钟，为电瓶充电)(如图6-220所示)。

(25) 主电瓶和备用电瓶电流——检查充电(正值)(如图6-221所示)。

图 6-220　功率增加

图 6-221　检查电流指示

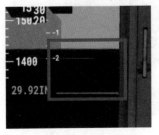

图 6-222　低压警告

(26) 低压警告——检查(确认"LOW VOLTS"信息消失)(如图6-222所示)。

(27) 内部电源——检查。

① 总电门(ALT)——关；

② 滑行/着陆灯开关——开；

③ 油门杆——减至慢车；

④ 总电门(ALT 和 BAT)——开；

⑤ 油门杆—增加(至大约1 500 RPM)；

⑥ 主电瓶电流——检查(电瓶充电,为正值);

⑦ 电压低警告——检查 PFD(确认 LOW VOLTS 消失)。

注释:如果主电瓶未显示正电流值,将该电瓶从机上取下,在飞行前对其进行维护或更换。

(28)航行灯开关——按需开(如图 6-223 所示)。

注释:航行灯(共三个)分别位于左、右机翼翼尖前缘和方向舵顶部后缘,颜色为左红右绿尾白,航行灯在启动发动机之前打开,关闭发动机之后关闭。

(29)航空电子设备电门(BUS 1 和 BUS 2)——开(如图 6-224 所示)。

图 6-223　航行灯按需打开

图 6-224　打开电子设备电门

6.2　实例展示

本节以广汉机场本场起落航线程序和广汉-绵阳的转场飞行程序为例进行讲解。

6.2.1　本场飞行

1. 机场简介

广汉机场(IATA 代码:GHN,ICAO 代码:ZUGH),飞行区等级 4C,为中国民用航空飞行学院广汉分院的训练机场、成都双流国际机场备降机场,属 A1 类跑道型通用机场。广汉机场有民用机位 50 个,另有 2 个直升机位;跑道长 2 200 m,宽 45 m;可起降新舟 MA60 等 C 类机型。广汉机场标高 467.6 m,沥青道面的跑道编号为 13/31,长 2 200 m,宽 45 m;机库共 10 个,可停放 CJ-1 及以下机型的飞机。广汉机场是中国民用航空飞行学院广汉分院的驻地,有四川三星通用航空和广汉星耀通用航空 2 家基地航司。

广汉机场地处川西平原,东面 11 km 处为南北走向的龙泉山脉,最高点海拔 1 059 m;自西南 45 km 处进入茶坪山区,山势突然崛起,高山峻岭,起伏相连,地形趋于复杂。从空中飞行区域看,广汉机场上空距双流机场的"空中一号走廊"仅有 6.4 km;北面距什邡的丘陵地区只有 20 km。中间实际上只剩下 1 000 m 以下、长 40 km、宽 30 km 的安全空域。机场周围有多个明显地标,鸭子河、石亭江、绵远河、新桥河在绵阳流入涪江;成绵高速公路、川陕公路(大件路)、宝成铁路、成绵乐铁路快线等,空中易于识别。

气象环境副高进退,盛夏多雷雨;逆温层强大,隆冬多大雾;山脉阻挡,冷锋多不强;回流天气常多见,阴雨绵绵;中空多湍流,多颠簸;春季多东北风,大风出现频率增加,最大风速可达 17～18 m/s,偶有浮尘影响能见度,雾日逐渐减少,春末出现春雷;夏季大风天气较少,多为短时雷雨阵风,雾日是全年最少的,能见度好,低云少,多对流云,雷暴天气多,降水量全年最多;秋季整体天气晴朗,秋末有时出现连续性降水;冬季干旱少雨,气温较低,天气稳定,多雾日,能见度恶劣。

2. 广汉起落航线简介

广汉机场 13 号跑道目视左起落航线如图 6-225 所示,具体讲解如下:

(1)一转弯时机

听塔台指挥按 DME 距离进入一转弯,如塔台没有指示,应沿一边爬升到 DME 1.2 n mile 时请示塔台。

(2)二转弯时机

① 观察鸭子河位置,二转弯转过来开始,控制三边宽度,在鸭子河左侧沿河飞行;

② 改出一转弯后记时 30 s;

③ 横向偏航距离(XTK)0.9 n mile。

(3)三边宽度

① 机翼水平时,斜撑杆的上 1/3 位置切跑道;

② 三边的参考地标为大建路旁的白色建筑群;

③ 三边宽度 XTK1.4 n mile(目视从两个白烟囱之间飞过);

④ 三边飞行要有航迹概念,及时修正偏流。

(4)起落航线高度为修正海压 2 500 ft。

(5)切着陆区

① 左机翼切着陆区;

② DME 减小到等于 XTK 时。

(6)三转弯

① 按照由前向四边、五边扫视的方法寻找前机,当确认与前机相切后,报告塔台请求进入三转弯;

② 左机翼切绍兴路;

③ 切着陆区后记时 50 s;

④ 当 XTK 保持 1.4 n mile 时,DME 距离增加到 2.0 n mie;

⑤ 三转弯改出高度为 2 400 ft。

(7)四边目标

① 过河高度 2 300 ft;

② 四边航向不大于217°。

(8)四转弯时机

四转弯时机为左机翼正切成绵高速桥洞时。

（9）参考高度

① 进入四转弯的参考高度为 2 200 ft；

② 改出四转弯的参考高度为 2 000 ft。

本场训练飞行时转弯时机以地标为准，当不能确定地标时可参考计时和 XTK 的大小。

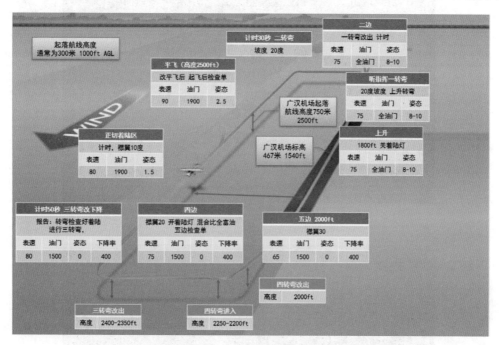

图 6-225　广汉机场起落航线

3. 广汉本场展示

（1）解除飞机轮挡，取下空速管套（如图 6-226 所示）。

图 6-226　飞机轮挡和空速管套

（2）备用电瓶关，总电门关，电子设备电门关，五灯关，皮托管加温关，断路器全部按入（如图 6-227 所示）。

（3）停留刹车设置，油门杆、混合比杆慢车关断，备用静压源关，配平起飞位，燃油关断活门按入，燃油选择活门"双组"位，襟翼收起，座舱通风、座舱加温关（如图 6-228 所示）。

（4）ELT 电门置于预位状态（如图 6-229 所示）。

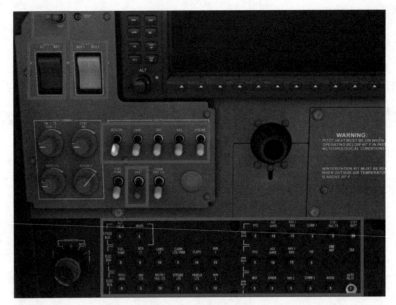

图 6-227 各种开关关闭

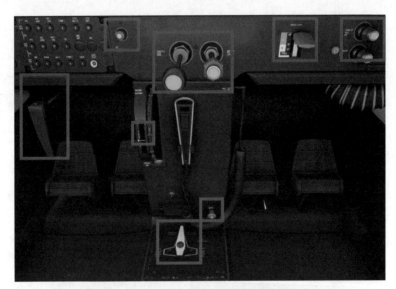

图 6-228 各种开关操作

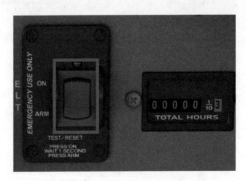

图 6-229 设置 ELT 电门状态

（5）开启总电门，外部灯全开，皮托管加温开（如图 6-230 所示）。

图 6-230 各种开关开启

（6）襟翼逐级放下（每一个位置都要观察确认，确认襟翼示位器与襟翼手柄位置一致，外部襟翼与襟翼手柄位置一致，两侧襟翼对称）（如图 6-231 所示）。

图 6-231 确认襟翼位置

（7）测试前后电子冷却风扇（分别打开电子设备 BUS 1、BUS 2 电门，分别听见 PFD 和 MFD 后面的冷却风扇正常工作后可关闭电子设备电门）（如图 6-232 所示）。

图 6-232 测试冷却风扇

（8）需要至少一人在飞机外部确认外部灯光状态正常（如图 6-233 所示）。

图 6-233　确认外部灯光状态

（9）皮托管加温关，外部灯关，总电门关，进行绕机检查（如图 6-234 所示）。

图 6-234　各种开关操作

（10）调整座椅高度，上飞机，调节座椅位置，确认停留刹车设置，安全带交叉使用（左用右，右用左），戴好耳机，关闭舱门，执行座舱检查单（如图 6-235 所示）。

（11）打开总电门，设置通波频率（126.2 是通波频率（如：广汉机场航行情报通波 A，世界时 0100，风向 020 风速 03，能见度 9999，云量少云，云底高度 1200，温度 08，露点 06，修正海压 1013，首次收到请向管制员通报，A），129.45 是塔台频率，备用塔台频率是 128.2）（如图 6-236 所示）。

座舱检查单	
接收飞机 ··········	完成
*停留刹车 ··········	设置
*舵面锁 ··········	解除
*磁电机 ··········	关
备用静压源 ··········	关(完全推入)
断路器 ··········	检查/按入
*燃油选择活门 ··········	双组
燃油关断活门 ··········	开/按入
襟翼 ··········	全襟翼
电气设备 ··········	关
灭火瓶 ··········	检查
座舱门/座椅/安全带 ··········	检查
*前/后电子设备冷却风扇 ··········	检查
*燃油油量(左/右) ··········	US.GL

带*号项目为短停过站检查单

图 6-235　座舱检查单

图 6-236　设置通波频率

（12）抄收通波后，设置 PFD 和备用高度表的气压值（如图 6-237 所示）。

图 6-237　设置气压基准

（13）使用报话键（左座在左手，右座在右边，左座报话），报话请求开车："7922，检查好，请求开车，通波 A 已抄收"；得到开车许可"7922，可以开车，应答机 7001"后复诵一遍："可以开车，应答机 7001，7922"。

（14）关闭总电门，测试备用蓄电池 20 s 后置于"预位"（ARM），等待 PFD 启动。检查 E（重要汇流条）电压＞24 V，M（主汇流条）电压＜1.5 V，S（备用蓄电池）电流放电（负数）（如图 6-238 所示）。

（15）打开总电门，防撞灯，航行灯；执行开车前检查单（如图 6-239 所示）。

（16）注油（油门杆最前，打开燃油泵，推入混合比杆，3～5 s 后拔出混合比杆，关闭燃油泵，抽出油门杆，热发启动不需要注油），冷发启动油门杆推入 1/4 in；热发启动推入 1/2 in（如图 6-240 所示）。

（17）观察螺旋桨区域清洁并发出口令："螺旋桨区域清洁"。打开车手势（左手举起示意，地面回相同手势），左手拿钥匙，右手混合比，踩住刹车，插入钥匙，旋转至"启动"（START）位并保持，待发发动机爆发同时迅速推入混合比杆，启动成功后松手，使磁电机回至"双组"（BOTH）位（如图 6-241 所示）。

图 6-238　备用蓄电池设置和电压电流检查

开车前检查单	
乘客简述···	完成
备用蓄电池电门·····························	TEST/ARM 位
发动机指示系统·····························	无红色"X"
M 电压/E 电压/S 电流·····················	检查
总电门(ALT 和 BAT)·····················	开
防撞灯/航行灯·····························	开

图 6-239　开关操作

图 6-240　注油操作

（18）开车后油门设置 1 200 转，执行开车后项目。

（19）开电子设备电门，襟翼收起，打开 ADF 盒（顺时针扭 ADF 音量旋钮）（如图 6-242 所示）。

（20）设置 PFD 依据从左到右、从上到下的顺序分别设置：导航频率（一部主用 109.9，

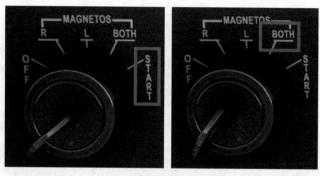

图 6-241　磁电机操作

图 6-242　电子设备电门和襟翼

备用 113.5；二部主用 113.5，备用 109.9），通信频率（一部主用 129.45，备用 120.3；二部主用 128.2，备用 126.2），预选航向 127°，导航一部、二部预选航道（一部 ILS 设置 127°，二部 VOR 设置 122°，用 CDI 键切换），预选高度 2 500 ft，按软键 PFD、BRG1 设置蓝色单针指示 ADF，按 BRG2 设置蓝色双针指示 NAV2 导航二部后点击"back"键，设置应答机编码 7001（软键 XPDR、code），打开计时器面板（软键 TRM/REF），检查 QNH 两个表基准值相同，高度数值对比机场标高（参考航图）不超过 75 ft，在 MFD 上设置燃油 50 gal，执行开车后检查单（如图 6-243 所示）。

（21）请求滑出："7922，检查好，请求滑至风向袋试车"；得到滑出指令"7922，可以滑出"后复诵："可以滑出，7922"。

（22）打滑行手势（左手向前伸，地面警戒人员回应），开滑行灯，松停留刹车，滑出后轻踩刹车试刹车，无问题后发口令"刹车好"滑至主滑行道（如图 6-244 所示）。

（23）确保前方无障碍物（收油门控制速度，学员地面滑行地速不超过 10 kt），检查并观察副翼、升降舵、方向舵全行程，工作良好无卡阻（转动视角可观察操纵面）（如图 6-245 所示）。

（24）观察直读磁罗盘与 PFD 上的航向变化，口令"飞行操作好，仪表正常"，做滑行检查单（如图 6-246 所示）。

图 6-243　PFD 设置

图 6-244　滑行灯和停留刹车

图 6-245　地速指示

图 6-246 磁罗盘与航向指示

（25）经过 C 道口后沿下一条黄线转至内滑行道，选择停机位停放并试车（如图 6-247所示）。

图 6-247 滑行示意图

（26）到达停机位停好后，设置停留刹车，关闭滑行灯，油门 1 200 转，检查试车条件（如图 6-248 所示）。

（27）执行试车程序：测试磁电机（磁电机检查），油门 1 800 转，混合比全入，将磁电机钥匙从"双组"（BOTH）位拧至"左"（L）位，观察 MFD 上的发动机掉转转数稳定后，将磁电机钥匙回到"双组"（BOTH）位，转数回到 1 800 转稳定后将磁电机钥匙拧到"右"（R）位，观察发动机掉转现象（单磁掉转不大于 150 转，双磁之差不大于 50 转），稳定后将磁电机拧至"双组"（BOTH）（如图 6-249 所示）。

（28）试大车：混合比全入，油门推满，向后稍带杆（螺旋桨气流会吹升降舵，对试车有

图 6-248　滑行灯和停留刹车

图 6-249　试车操作

影响),观察大车转速(静态转速:2 200~2 300 RPM)和发动机工作状态(都是绿区)。

(29) 试慢车:收油门至 750~850 转,待转速稳定缓慢抽出混合比杆,开始转速会增加,随着混合比抽出,发动机突然掉转时,应迅速推入混合比杆,记录转速最大值与之前转速的差值(10~50 转之间)。

(30) 试车程序完成后,设置地面功率(油门放回 1 200 转,旋混合比杆至最大转速)。

(31) 准备好报话:"7922 检查好,科目起落,请求滑出";得到滑行指令:"7922 可以滑行至 A13"。

(32) 开滑行灯,松停留刹车,滑出后试刹车,沿主滑行道继续滑行至跑道头等待点前踩住刹车(如图 6-250 所示)。

(33) 注意在等待时,飞机的任何一个部位都不能超过等待线,停稳后油门设置 1 200 转。

(34) 在得到进跑道许可"7922,跟五边飞机进跑道"后复诵:"跟五边飞机进跑道,7922",然后松刹车。

(35) 确认五边清洁,进入跑道,并对正跑道中线等待(如图 6-251 所示)。

(36) 滑行时执行起飞前项目:外部灯全开,设置起飞功率(密度高度小于 3 000 ft 时(在 AUX 页面有显示)使用全富油),外界温度低于 4℃时开启皮托管加温功能,执行起飞前检查单(如图 6-252 所示)。

(37) 踩住刹车,油门 1 800 转,等待起飞指令。

图 6-250　滑行示意图

图 6-251　进跑道示意图

起飞前检查单	
燃油选择器	双组
襟翼	设置
混合比	设置
磁电机	双组
座舱门/座椅/安全带	检查
外部灯	按需

图 6-252　起飞前检查单

（38）得到起飞指令（对正可以起飞，7922）后，双脚下舵（用脚掌抵住舵），保持好滑跑方向，同时抵右舵（螺旋桨滑流扭转的影响，会使飞机有左偏的趋势），柔和增加油门至起飞功率（油门推满），检查发动机的工作状态（如图6-253所示）。

图 6-253　起飞示意图

（39）速度带开始移动时检查发动机的参数。

（40）速度增加至55 kt时柔和带杆抬轮，离地后稳住杆，保持跑道前方可见（不要让机头挡住跑道）且没有位置偏移（左右偏移）后，建立75 kt正上升姿态（如图6-254所示）。

图 6-254　爬升示意图

（41）循环检查仪表，做好注意力分配，合理使用配平。

（42）高度约1 800 ft时（安全高度300 ft＋机场标高1 533 ft）执行起飞后项目：关闭着陆灯、滑行灯、执行起飞后检查单（如图6-255所示）。

图 6-255　关灯和执行检查单

（43）等待一转弯指令（塔台指令：7922，一转弯）。

（44）在快抵达 2 500 ft（起落航线高度）前顶杆保持高度，待速度增加至 85 kt 左右开始收油门至平飞油门，并保持 90 kt 的平飞速度（如图 6-256 所示）。

图 6-256　平飞示意图

（45）转弯坡度不超过 30°（如图 6-257 所示）。

图 6-257　一转弯示意图

（46）二边航向 037°，二转弯地标可观察鸭子河位置，二转弯切入三边，控制三边宽度在鸭子河左侧沿河飞行（如图 6-258 所示）。

图 6-258　二转弯示意图

(47) 三边航向 307°,前方可见明显地标物白房子(如图 6-259 所示)。

图 6-259　三边示意图

(48) 保持三边高度、航迹和宽度,观察飞机与跑道的位置关系,待飞机正切着陆区时放襟翼 10°(如图 6-260 所示)。

图 6-260　三边放襟翼的位置参考

(49) 稳杆保持高度,过前方高速路后,观察左侧河对岸"绍兴路"(白色)明显地标(如图 6-261 所示)。

图 6-261　三边参考

（50）待飞机正切绍兴路后报话："7922，三转弯申请落地脱离"。

（51）得到许可后（7922，可以落地脱离）压左坡度 20°，收油门下降，约 0°姿态（平飞约为 2.5°）（如图 6-262 所示）。

图 6-262　三转弯示意图

（52）四边航向 217°，转入四边开始做五边项目（五灯全开，混合比全富油，襟翼 20°），执行五边检查单（如图 6-263 所示），同时注意飞机与跑道的位置关系。

五边检查单	
磁电机 ··	双组
混合比 ··	设置
襟翼 ··	设置
燃油选择器 ···	双组

图 6-263　五边检查单

（53）控制高距比（四转弯进入高度 2 200 ft，转出高度 2 000 ft），确定四转弯时机，转至五边（如图 6-264 所示）。

图 6-264　四转弯时机

（54）设置襟翼 30°，调整速度 65 kt 并保持。

（55）飞机位置保持在中线延长线上，确定好运动点，注意力分配主要在点（飞机运动点)、线(下滑线高低)、速度、油门(如图 6-265 所示)。

图 6-265　五边示意图

　　(56) 正切五边左侧河湾处,高度 1 700 ft 左右,调速至 63 kt。

　　(57) 进跑道后缓慢收油门,把握带杆时机(6 m 拉开始,1 m 拉平),出姿态待主轮接地(如图 6-266 所示)。

图 6-266　接地

　　(58) 前轮接地后柔和使用刹车,控制飞机从 C 道脱离,转弯时地速不超过 15 kt(如图 6-267 所示)。

图 6-267　接地后

　　(59) 飞机完全脱离后(飞机所有部位约过等待线)踩住刹车,油门约 1 200 转。

　　(60) 着陆后项目:关着陆灯、频闪灯、收襟翼;关空速管加温(如使用)、调整混合比;

执行着陆后检查单(如图 6-268 所示)。

(61) 观察主滑行道上没有其他飞机,左转上主滑行道滑回机库(如果涉及继续换人飞行,则右转申请停机位)。

着陆后检查单	
空速管加温	关
外部灯	按需
混合比	调整
襟翼	收上

图 6-268　着陆后检查单

(62) 在滑回机库路上要停下烧电嘴,将飞机停在主滑行道上,混合比全富油,油门 1 800 转保持几秒后继续收油门滑行,不可以正对机库烧电嘴。

(63) 关车时机头朝向机库,开车时机头朝向跑道,到机库后由机务人员引导。

(64) 到位后,关滑行灯,设置停留刹车。

(65) 报话:"7922 机库到位关车,感谢指挥";塔台:"辛苦,再见";飞行员:"再见"。

(66) 关车程序:油门收至慢车,依次关闭 ADF 盒、电子设备电门、拔出混合比,待发动机停转后把钥匙拔出放好,关闭备用蓄电池电门、总电门以及所有灯光,执行关车检查单。

(67) 填写记录本(机长填写),下飞机放空速管套,固定好轮挡。

6.2.2　转场飞行

1. 转场飞行简介

转场飞行是从起飞机场到目的地机场的飞行,由起飞机场地面滑行、起飞、离场、巡航、进场、进近、着陆、目的地机场地面滑行至预定机位组成。

在实施转场飞行之前还需要做充足的飞行前准备,包括飞行计划制定、重量平衡计算、气象信息获取、航行通告、应急程序准备等。本节重点讲解飞行计划制定和飞行实施部分。

2. 飞行计划的制定

图 6-269 所示为广汉—绵阳转场飞行情况的简介。在完成开车程序和检查单后,需要将飞行计划输入飞行管理系统(flight management system,FMS),具体步骤如下:

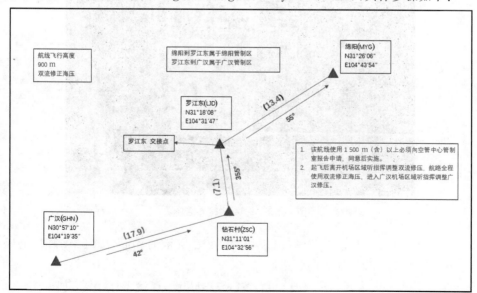

图 6-269　广汉—绵阳转场飞行简介

第一步,打点。首先按【RANGE】键使 MFD 屏幕上出现光标后,按【ENT】键,如图 6-270 所示,选择【Create User Waypoint】。

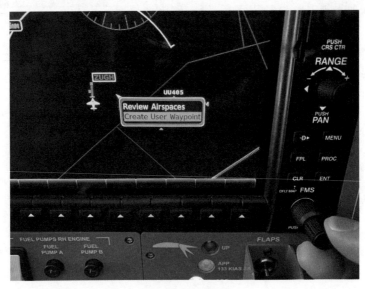

图 6-270　打点

第二步,输入航路点。以打点钻石村(ZSC)为例,使用【FMS】旋钮(双圈)依次输入航路点的名字,如图 6-271 所示,输好后保存至 FMS。

图 6-271　输入航路点名称

第三步,生成计划。按【FPL】键,出现如图 6-272 所示的界面,按【FMS】键,出现光标后,通过旋转【FMS】键找到输入的航路点。

将所有航路点都输入后形成飞行计划,按【MENU】键,存储飞行计划,如图 6-273 所示。

图 6-272 选择输入的航路点

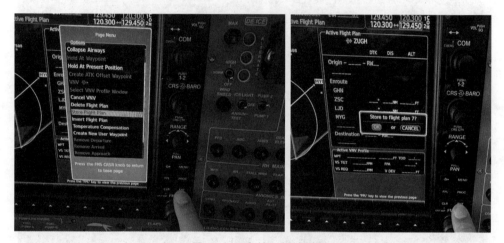

图 6-273 存储飞行计划

第四步,核对飞行计划。将输入的计划调出,使用光标选中每个航路点,按【ENT】键,出现该航路点的坐标,如图 6-274 所示,检查 FMS 中航路点的坐标与原始数据是否一致。

第五步,激活飞行计划。当检查完输入的飞行计划航路点确认无误后,就可以激活计划。按压【FPL】键,系统会自动将刚刚输入的飞行计划显示出来。按【FMS】键,光标出现后选定当前位置的下一个航路点,然后按【MENU】键,出现如图 6-275 所示的页面,光标在【Activate Leg】位置后,按【ENT】键激活航段。

3. 转场飞行的实施

该实例扩展为广汉转场绵阳的飞行,起飞机场为广汉机场。上一节已经讲过广汉本场的运行,故在此不再讲解起飞机场的地面滑行,实际滑行路线听从管制员指挥即可。使用跑道为常用的 13 号跑道,转场的起飞和本场起落航线的起飞程序是一致的。

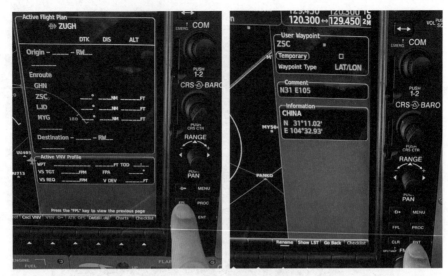

图 6-274　核对飞行计划

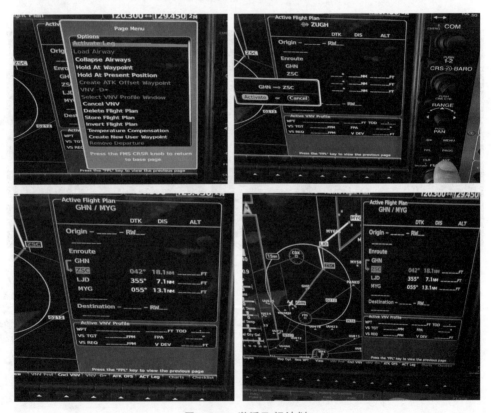

图 6-275　激活飞行计划

　　由于特殊的运行环境,广汉至绵阳的离场为非标准程序离场,保持一边上升至修正海压高度 900 m(如图 6-276 所示)后左转至航向 040°,脱离起落航线后确定无冲突飞机便可以继续左转切入航路,通常为 0°航向切入航路或直飞武家山入航。

　　保持高度和航向便可以切入航路。航路飞行过程中,需要控制飞机按照预定的轨迹飞

图 6-276　上升到航路高度改平飞

行、执行无线电通话、执行相应检查单程序。无线电通信频率为入航后要求使用的频率。

　　当飞机到达 ZSC(钻石村)前约 0.5 n mile 处向广汉管制发位置报,如图 6-277 所示。过 ZSC 后即可联系绵阳管制,联系绵阳管制前需要抄收通播。

图 6-277　到达 ZSC 前 0.5 n mile

在 LJD(罗江东)前 0.5 n mile 处联系好绵阳管制后,即可向广汉管制脱波,到达 LJD 后向绵阳管制发送位置报,如图 6-278 所示。

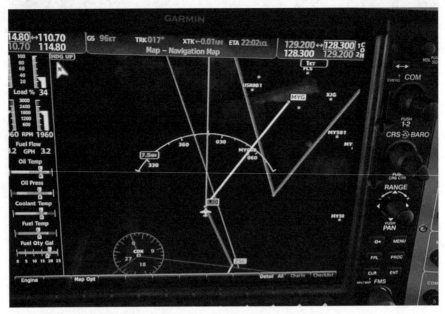

图 6-278　到达 LJD

广汉方向的进场是非标准进场,到达 LJD 时,管制员一般会要求上升至修正海压高度 1 000 m(如图 6-279 所示)后飞向绵阳机场,在距离机场 6 n mile 时需要联系绵阳塔台,并听从塔台指挥。

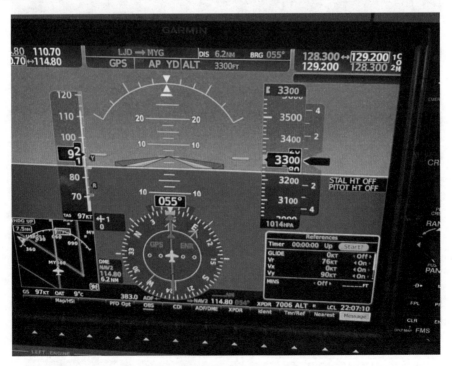

图 6-279　上升高度至 1 000 m

　　在进近过程中通常是加入目视进近。距绵阳机场 6 n mile 处与塔台建立联系后，继续保持高度向机场归航，在距离机场 3 n mile 时需要发位置报，此时飞机保持目视切入三边的方式加入起落航线。

　　加入起落航线后，便可以继续飞至目的地机场的五边，如图 6-280 所示。

图 6-280　飞至五边

　　当飞机在绵阳机场着陆后，通常会在 E 道口脱离跑道，脱离后即沿 A 滑行道滑行至 32 号跑道等待点，或者听从指挥滑行至其他所需地方。

　　以上即广汉至绵阳转场飞行的主要内容。在进行转场训练前，学员应具备基本的转场知识、机载设备使用能力、无线电通信能力和相关应急程序的处置能力。在本讲解中主要以转场程序和飞行计划制定为主要内容，其他为展开讲解的内容。

参 考 文 献

[1] 欧阳霆,葛志斌,余绍焱.飞机飞行指南[M].成都:西南交通大学出版社,2018.

[2] 中国民用航空局.目视间隔和进近实施指导材料[EB/OL].[2008-07-26] http://www.caac.gov.cn/ XXGK/XXGK/ZFGW/201601/P020160122452704256339.pdf.

[3] 国际民航组织.航空器运行 目视和仪表飞行程序设计规范[EB/OL].[2021-10-13].http://www. caac.gov.cn/XXGK/XXGK/GFXWJ/202110/P020211025302259672678.pdf.

[4] 美国塞斯纳飞机公司.Cessna 172R NAV III Pilot Training Manual[Z].2013.

[5] 美国塞斯纳飞机公司.Cessna 172R AFM NAV III AVIONICS OPTION[Z].2014.

[6] 中国民用航空局.飞行模拟训练设备管理和运行规则[EB/OL].[2019-07-31].http://www.caac. gov.cn/XXGK/XXGK/MHGZ/201908/P020190828414707421622.pdf.

[7] 国际民航组织.飞机飞行模拟机鉴定性能标准[EB/OL].[2019-09-04].http://www.caac.gov.cn/ XXGK/XXGK/GFXWJ/201910/P020191010540685561575.pdf.

[8] 中国交通运输部.一般运行和飞行规则(CCAR-91)[EB/OL].[2007-02-14].http://www.caac.gov. cn/XXGK/XXGK/MHGZ/202202/P020220209518466960506.pdf.

[9] 中国国务院.中华人民共和国飞行基本规则[EB/OL].[2001-08-01].http://www.caac.gov.cn/ XXGK/XXGK/FLFG/201510/P020151030499219255126.pdf.

[10] 中国民用航空局.中国民用航空空中交通管理规则[EB/OL].[1999-07-05].http://www.caac.gov. cn/XXGK/XXGK/MHGZ/201511/P020151103350146796466.pdf.

[11] 国际民用航空组织.基于性能导航(PBN)手册[M].蒙特利尔:国际民用航空组织.

[12] 刘济美.一个国家的起飞——中国商用飞机的生死突围[M].北京:中信出版集团,2016.